面向数字化时代高等学校计算机系列教材

C语言程序设计案例教程

齐亚莉 王克蒙 张珍珍 编著

清华大学出版社
北京

内容简介

本书以能力培养为目标，用案例引入知识，将知识学习和能力培养融为一体，详细讲解C语言的基础知识和编程技能。全书共12章，第1章介绍C语言的起源和特性；第2～12章详细讲解C语言的相关知识，包括数据类型、格式化输入/输出、运算符、表达式、语句、循环、分支和跳转、字符输入/输出、函数、数组和指针、字符和字符串函数、存储类别、链接和内存管理、文件输入/输出、结构体、位操作等。本书通过丰富的程序案例讲解C语言的知识要点和编程方法，同时融入扩展知识和编程技能，每章末尾均配套复习题和编程题，以帮助读者巩固所学知识，提高编程能力。

本书可作为“C语言程序设计”课程的教材，既适用于需要系统学习C语言的初学者，也适用于想要巩固C语言知识或进一步提高编程技术的开发人员。

图书在版编目（CIP）数据

C语言程序设计案例教程 / 齐亚莉，王克蒙，张珍珍编著. -- 北京 ：清华大学出版社，2025. 5.
（面向数字化时代高等学校计算机系列教材）. -- ISBN 978-7-302-68579-1

Ⅰ. TP312.8

中国国家版本馆CIP数据核字第2025D953K4号

责任编辑：郭　赛
封面设计：刘　键
责任校对：申晓焕
责任印制：宋　林

出版发行：清华大学出版社
网　　址：https://www.tup.com.cn，https://www.wqxuetang.com
地　　址：北京清华大学学研大厦A座　　**邮　　编**：100084
社 总 机：010-83470000　　**邮　　购**：010-62786544
投稿与读者服务：010-62776969，c-service@tup.tsinghua.edu.cn
质量反馈：010-62772015，zhiliang@tup.tsinghua.edu.cn
课件下载：https://www.tup.com.cn，010-83470236
印 装 者：三河市铭诚印务有限公司
经　　销：全国新华书店
开　　本：185mm×260mm　　**印　　张**：16.25　　**字　　数**：395千字
版　　次：2025年5月第1版　　**印　　次**：2025年5月第1次印刷
定　　价：49.80元

产品编号：105717-01

面向数字化时代高等学校计算机系列教材

编 委 会

前　言

C 语言是一种经典的计算机语言，至今仍被广泛使用。C 语言是一种结构化、模块化的程序设计语言，具有表达能力强、代码质量高和可移植性好等特点。因此，C 语言不仅是高等院校计算机类专业的必修课程，也成为大多数非计算机类专业的重要课程。

C 语言概念复杂、规则繁多、使用灵活、容易出错，对于初学者来说难度较大。本书以案例为线索，将对问题的分析和设计过程贯穿于案例之中，避免学习单纯语法的枯燥。书中精选大量案例，并对案例进行详细分析，对涉及的语法、问题分析和设计过程进行详细说明和解释，使读者在设计程序的过程中逐渐提升解决问题的能力。

伴随 C 语言的发展，C 语言标准也在不断更新。在实际应用中，标准的不断变化也会给读者带来困惑。因此，本书关注 C 语言标准的不断变化，向读者解释编程过程中的一些细节问题。例如，main()函数是 C 语言中非常特殊的函数，它没有原型，即没有固定的格式，常用的有 int main()，或者使用 int main(void)明确表示无参数，以及带有命令行参数的 int main(int argc, char * argv[])。对于嵌入式系统，也常用 void main()的形式，即无返回类型。void main()这种形式虽然可以用在有操作系统的环境中，但在 C99 标准后其返回值不定，因此在采用 int main()形式时，即便我们不关心程序的结果，也建议在结束前写上"return 0;"来表示程序正常结束。如果不写，则其宿主环境得到的值为不确定(C99 以前的版本)或 0(C99 及以后的版本)。

作者经过多年 C 语言教学实践的积累和探索，在编写本书的过程中，除了对以往读者聚焦的问题进行解读之外，还加入了一些有助于提升读者编程素养的引导，以期引起读者思考，拓宽对程序设计的认识和理解。例如，为了启发读者对于本地化和国际化编码的思考，对于不同国家和地区，计算机除了语言文字编码不同外，货币符号、日期和时间格式、数字标点表示、排序习惯等也不尽相同，甚至在姓名、地址的书写格式等其他方面也存在差异。在处理信息的过程中，尽管原始信息一样，例如都使用格林尼治时间，但针对中国用户、日本用户和英国用户的显示需要的不同，应根据当前的地区设定来改变软件的输出格式，这就是软件开发中的国际化过程。另外，本书还介绍了我国文字编码的相关内容，为读者设计国产化应用系统时的本地化编码提供启发和帮助。

本书第1、6～12章由齐亚莉和王克蒙老师编写，第2～5章由张珍珍和王克蒙老师编写。

感谢北京印刷学院优质本科教材建设项目对本书的资助。

由于编写时间仓促，书中难免有疏漏和不妥之处，欢迎读者批评指正，希望读者提出宝贵的意见和建议，以便我们及时加以修正。

编　者

2025年2月

目　录

第 1 章　C 语言概述

1.1　本章内容与要求

本章介绍以下内容：

- C 的历史和特性。
- 编写程序的步骤。
- 有关编译器和链接器的知识。
- C 标准。
- C 语言程序结构：函数、注释、关键字。
- 运算符：=。
- 函数：main()、printf()。

本章首先介绍 C 语言的起源及其特性，然后介绍编程的起源，并探讨一些编程的基本原则，最后讨论 C 程序的结构。

1.2　C 语言起源和发展

C 语言诞生于贝尔实验室，1972 年由丹尼斯・里奇(Dennis MacAlistair Ritchie)以肯尼斯・蓝・汤普森(Kenneth Lane Thompson)设计的 B 语言为基础发展而来。在 C 语言的主体设计完成后，汤普森和里奇用它完全重写了 UNIX，且随着 UNIX 的发展，C 语言也得到了不断的完善。1978 年，里奇和布赖恩・W.克尼汉(Brian W. Kernighan)共同编写的一部介绍语言及其程序设计方法的经典著作《C 程序设计语言》(*The C programming language*)为 C 语言的推广做出了巨大贡献，在标准化之前的 C 语言因此被称为 K&R C。C 语言诞生至今，从操作系统到视窗系统等大量基础软件均以 C 作为主要的开发语言。

C 语言自诞生之后不断发展。1982 年，很多人士和美国国家标准协会(ANSI)为了使 C 语言健康地发展下去，决定成立 C 标准委员会，建立 C 语言的标准。委员会由硬件厂商、编译器及其他软件工具生产商、软件设计师、顾问、学术界人士、C 语言作者和应用程序员组成。1989 年，ANSI 发布了第一个完整的 C 语言标准——ANSI X3.159-1989，简称"C89"，不过人们也习惯称其为"ANSI C"。C89 在 1990 年被国际标准化组织(International Standard Organization，ISO)一字不改地采纳，ISO 官方给予的名称为 ISO/IEC 9899，所以 ISO/IEC9899：1990 也通常简称为"C90"。1999 年，在做了一些必要的修正和完善后，ISO

发布了新的C语言标准，命名为ISO/IEC 9899:1999，简称“C99”。2011年12月8日，ISO又正式发布了新的标准，称为ISO/IEC9899:2011，简称为“C11”，这是一个里程碑版本，其语言定义更加清晰明确，并且增加了很多标准特性。C的标准化工作与C++的标准化工作大致同步进行，但内容上的更新相对缓慢得多，例如C17标准只有极少量的修正，C23则扩展了增强的枚举定义等许多语言新特性。诞生50年后，C语言又进入了一个新的发展阶段。

自从C语言诞生至今，其简洁高效的特性使它成为很多现代语言的参考，其本身一直是基础软件的主力开发语言，其魅力经久不衰。

1.3 C语言设计特性

C语言是一种结构化语言，它有着清晰的层次，可以按照模块的方式对程序进行编写，十分有利于程序的调试，且C语言的处理和表现能力都非常强大，依靠非常全面的运算符和多样的数据类型，用户可以轻易完成各种数据结构的构建，通过指针类型更可以对内存直接进行寻址以及对硬件进行直接操作，因此C语言既能够用于开发系统程序，也可用于开发应用软件。C语言的设计理念让用户能轻松地完成自顶向下的规划、结构化编程和模块化设计。因此，用C语言编写的程序更易懂、更高效。

1.3.1 高效性

C是高效的编译语言。在设计上，它充分利用了当前计算机的优势，使得C程序相对更紧凑，而且运行速度很快。实际上，C语言具有汇编语言才具有的微调控制能力，可以根据具体情况微调程序以获得最大的运行速度或最有效的内存使用。C语言已成为嵌入式系统编程的流行语言，越来越多的汽车、照相机、手机、机器人、家用电器和其他现代化设备的微处理器都采用C语言作为主力开发语言。

1.3.2 可移植性

C语言编写的程序包括源代码和可执行程序，本身移植性并不好，远不如Java、C#等语言。但是，当新的计算硬件诞生后，首先移植的就是C语言的编译工具链，然后根据需要移植操作系统、其他语言工具链以及应用程序等，即C语言是应用移植的基础。操作系统通常是以C语言为主编写的，操作系统的系统调用接口也是C语言接口，使用C语言最能充分利用操作系统和硬件的能力，因此UNIX及类UNIX操作系统通常会默认安装C语言编译器及其所需的建造工具。

1.3.3 强大而灵活

C语言允许对硬件内存地址进行直接读写，以此可以实现汇编语言的主要功能，在裸机或操作系统内核程序中可直接操作硬件，因此使得C语言在系统软件编程领域有着广泛的应用。除了UNIX操作系统，诸如FORTRAN、Perl、Python、Pascal、LISP、Logo等语言的许多编译器和解释器都是用C语言编写的。由于C语言生态长时间的良性积累，以及在操作系统开发和基础类软件开发中的主导地位，C语言的使用率一直排名前三，是一种不可或缺的程序设计工具。

1.3.4　C 语言的缺点

C 语言最大的缺点是过于依赖程序员的素质来保障软件的可靠性和性能，它不具备内存越界检查，尤其不具备自动变量数组的越界检查，保障安全性对程序员的要求较高，并且在历史上出现过多起安全事故案例，这也是近年来 Rust、Go 等语言兴起的主要原因。其次，C 语言是传统的强类型检查、结构化编程的编译语言，相对面向对象编程语言（如 Java）、带有动态类型的解释性语言（如 Python）等，其生产效率相对较低，开发成本较高。

1.4　编写程序的步骤

在对一个问题进行分析后，即可设计解决问题的方案，然后进行编码、测试和调试，使得程序实现所解决问题的目标。一般情况下，可以按照以下 7 个步骤实现程序的编写（图 1.1）。

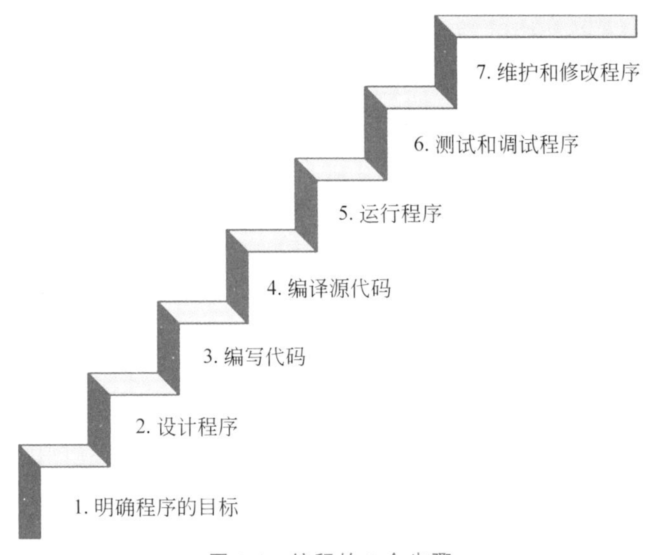

图 1.1　编程的 7 个步骤

第 1 步：明确程序的目标。在开始写程序之前，对于问题的解决思路要清晰。分析问题需要哪些输入信息、程序要解决的问题是什么、需要进行哪些计算和控制处理，以及程序输出什么信息。对于任何一种计算机编程语言，这一步都是必要的，可以用一般术语来描述问题。

第 2 步：设计程序。对程序应该完成什么任务有概念性的认识后，就应该考虑如何用程序来完成它，包括用户界面应该是怎样的；采用怎样的流程来组织程序；如何表示数据；用什么方法处理数据。设计程序阶段可以用一般术语来描述问题，如流程图或伪代码，而不是用具体的代码。

第 3 步：编写代码。设计好程序后，就可以编写代码来实现它，即把设计好的程序翻译成 C 语言。编辑 C 语言程序代码的环境有很多，一般都有对应的编译器，如 Visual C++、DEV C++、GCC 等，也可以使用文本编辑器创建源代码文件。案例 1.1 是一个 C 代码的示例。

案例 1.1

```
#include <stdio.h>
int main()
{
    int    old;
    printf("Hello! How old are? \n");
    scanf("%d", &old);
    printf("I am %d years old! \n",    old);
    return 0;
}
```

在这一步中,可以给编写的程序添加文字注释。最简单的方式是使用C的注释工具在源代码中加入对代码的解释。如对程序第5行加注释:

```
printf("Hello! How old are? \n");          /* 输出提示信息 */
```

第4步:编译源代码。C语言是编译型语言,要求编译器提前将源代码一次性转换成二进制指令,即生成一个可执行程序,后续的执行无须重新编译。编译的细节取决于编译器。编译器还会检查C语言程序是否有效。如果C编译器发现错误,就不生成可执行文件并报错。理解特定编译器报告的错误或警告信息是程序员要掌握的一项技能。

C编译器还将源代码与C库的代码合并成最终的程序。C库中包含大量的标准函数供用户使用,如案例1.1中出现的printf()和scanf()。编译器把源代码转换为中间代码,再由链接器把中间代码和其他代码合并。最终生成一个用户可以运行的可执行文件,其中包含着计算机能理解的代码。

C语言采用分而治之的策略,如图1.2所示,编译器生成目标代码文件,目标代码还缺少标准库中的函数,然后由链接器把编写的目标代码和库代码连接以生成可执行的目标程序。

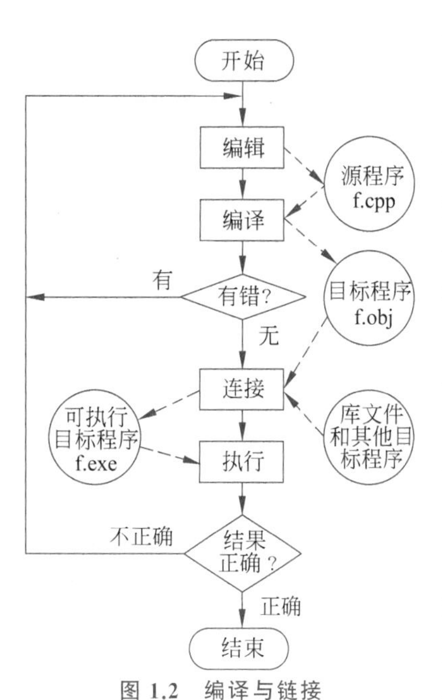

图1.2 编译与链接

第5步:运行程序。可执行文件是可运行的程序。在集成开发环境(IDE)中,用户可以在IDE中通过选择菜单中的选项或按下特殊键来编辑和执行C程序。也可以通过单击或双击生成的可执行文件或图标直接在操作系统中运行之。

第6步:测试和调试程序。程序可能会出现运行错误。对于出现错误的程序,应该检查程序是否按照设计的思路运行。查找并修复程序错误的过程称为调试。初学者应该勇于面对遇到的错误,并在修复错误的过程中提升解决问题的能力。

第7步:维护和修改程序。创建完程序后,当发现程序有错或想扩展程序的用途时,就要修改程序。如果在编写程序时清楚地做了注释并采用了合理的设计方案,修改或扩展就会变得简单很多。另外,编程并非一个线性的过程，有时要在不同的步骤之间往复，例如在写代码时发现之前的设计不切实际，或者想到了一个更好的解决方案，或者等程序运行后，想改变原来的设计思路。对程序做文字注释可以为以后的修改提供方便。

注意，许多初学者经常忽略第1步和第2步，直接跳到第3步编写代码。刚开始学习时，编写的程序非常简单，完全可以在头脑中构思好整个过程。即使写错了，也很容易发现。但是，随着编写的程序越来越庞大、越来越复杂，动脑不动手可不行，而且程序中隐藏的错误也越来越难找。最终，那些跳过前两个步骤的人往往浪费了更多的时间，因为他们写出的程序可读性差、缺乏条理、难以理解。需要解决的问题越复杂，要编写的程序就越复杂，事先确定目标和设计程序环节的工作量就越大。正所谓"磨刀不误砍柴工"，应该养成先规划再编写代码的好习惯。

1.5　编程机制

用C语言编写程序时，编写的内容可以存储在简单的文本文件中，该文件称为源代码文件(source code file)或源文件。C语言有两种源文件类型，一种是定义公共原始的头文件，以h结尾，供需要引用的程序分别引用包含，另一种是实现数据和程序的代码文件，文件名以c结尾(支持大小写文件的非Windows系统需要小写)。在文件名hello.c中，点号(.)前面的部分称为基本名，点号后面的部分称为扩展名。基本名hello与扩展名c的组合hello.c就是文件名。文件名建议由小写字母、下画线和数字组成，小写主要防止在区分大小写和不区分大小写的系统之间产生错误，文件名应该满足计算机操作系统的特殊要求，即通常不能够包含特殊字符。文件名的长度则受限于操作系统的文件系统，但目前流行的操作系统，如Linux、Windows和Macintosh OS所使用的文件系统通常都允许使用最小255个字符的长文件名，足够我们使用。

C编程的基本策略是利用编译和链接两个步骤，把源代码文件转换为可执行文件。编译器把源代码转换成中间代码，链接器把中间代码和其他代码合并，生成可执行文件。这种策略方便对程序进行模块化，可以独立编译单独的模块，然后再用链接器合并已编译的模块。另外，链接器还将编写的程序和预编译的库代码合并，以保障可执行程序所需的所有资源。

C语言文件除了源代码文件外，中间文件还有目标代码文件obj(Windows)或o(UNIX/Linux/macOS等)，其格式通常为COFF(Common object file format)，尽管格式相同，但同一操作系统的不同的编译器下并不一定能通用，甚至同一编译器的不同版本也可能不能通用。最终生成的是可执行文件，微软系统下的后缀为exe，格式为PE(Portable Executable，可视为COFF格式的扩展)，国产化系统/UNIX/Linux/macOS等系统下，可执行文件无后缀，格式通常为ELF(Executable and Linkable Format)，不同操作系统的不同CPU构架下的可执行文件并不通用。中间目标文件可以打包成静态库，后缀为lib(Windows)或a(UNIX/Linux/macOS等)，其格式多数仍然是COFF，但通常打包的方式有区别，因此静态库在不同编译器之间不经转换通常也不能通用。还可以生成不同程序间共享的动态库，后缀为dll(Windows)(UNIX/Linux/macOS等)，其格式通常也是PE/ELF/COFF，可在不同编译器间通用，但不能跨操作系统使用。在编程过程中，微软的C编译器会默认创建一个与源代码基本名相同的目标代码文件和可执行文件，但类 UNIX 下会默认生成名为 a.out 的可执行文件。软件生成中通常会使用建造系统，其名称可以通过编译器/链接器命令行参数来自行定义。COFF/PE/ELF 格式定义均比较复杂，对于一般的应用编程，通常并不需要了解其具体格式。

1.6 主要工具

用于开发的工具主要分为编译工具链/调试工具、代码编辑器或集成开发环境、建造工具、代码管理工具以及测试工具。对于初学者，建议大家采用集成开发环境(IDE)来学习编程，IDE 集编辑、建造、调试于一体，开发起来十分方便。

编译工具链是最基础的工具，包括编译器、标准 C 语言库及操作系统调用接口库、链接、库管理等二进制工具库。当前主流的编译器有开源的 gcc、llvm 等编译器套件，各商业系统一般均配置有其自有的 C 语言编译器。对于 Windows 系统，需要安装 Visual studio 的 IDE，其自带微软编译器，并与 IDE 紧密结合，早先的 Windows SDK 系统不再捆绑编译器。对于嵌入式系统，多数使用 gcc 或其衍生版本的交叉编译环境，使用方法大同小异。

集成开发环境种类比较多，在国产化系统以及 Linux 下有 Eclipse＋CDT、Netbeans＋cnd 等，Windows 下有 Visual studio，macOS 下有 Xcode，它们都是非常好用的集成开发环境。除了 IDE，一些功能强大的编辑器也深受开发者欢迎，如微软的 Visual studio code，UNIX/Linux 下的 Emacs、VIM，甚至像 Nano 这样的微型编辑器也很受欢迎。

代码管理工具主要用于管理源代码，是多人协作开发的必备工具。该工具发展历史悠久，从 CVS、SUBVERSION，微软的 Microsoft Visual SourceSafe 到当前最流行的由 Linus 编写的 GIT(饭桶)，IDE 和好的源码编辑器也会集成为源代码管理工具。

构建工具则是管理大型软件系统的编译链接的管理系统。从最早的 makefile、autoconfig/automake 到现代的 cmake、meson 以及微软的 msbuild 等，它们都是构造管理、单元测试和软件发布的重要工具。

测试工具主要为了保障软件的品质，这类工具在 Linux 下非常丰富，主要有单元测试工具，如 cppunit、GoogleTest，内存剖析工具 valgrind，性能分析工具 perf 等。对于 C/C++ 编程者来说，valgrind 是非常重要的工具，它能够检查难以捕捉的内存泄漏、内存访问越界等错误。但这个工具没有 Windows 版本，因此建议大家在国产化操作系统下编程或建立一个 Linux 的开发环境。

1.7 一个简单的 C 语言程序

案例 1.2 演示了 C 语言编程的一些基本特性。先通读案例 1.2，了解程序的用途，再认真阅读后面的解释。

案例 1.2

```
#include <stdio.h>
int main()                                    /* 一个简单的 C 程序 */
{
```

```
    int num;                                    /* 声明一个名为 num 的变量 */
    num = 6;                                    /* 为 num 赋一个值 */
    printf("I am a student ");                  /* 调用 printf()函数打印提示信息 */
    printf("My favorite   number   is  %d.\n", num);
    return 0;
}
```

读程序,可以估计该程序会在屏幕上显示的内容。可以运行该程序,并查看打印的具体结果。

首先,用自己熟悉的编辑器创建一个包含案例 1.2 中所有内容的文件,在编写时一定要关闭汉字输入法,至少要将输入法中的字母设定为半角,否则文件中的全角符号会因不能被编译器识别而报语法错误,查找起来十分累眼睛。给该文件命名,并以 c 作为扩展名。例如,可以使用 myfirst.c。编辑好该文件后,需要对该文件进行编译。在国产化/Linux 系统下,可以打开终端(Terminal),进入该文件所在目录,然后运行“cc -o myfirst myfirst.c”命令,如果没有任何提示则表示编译成功,并在该目录下生产一个名为 myfirst 的可执行文件,然后运行“./myfirst”命令即可看到上述程序的运行结果。对于 Windows,可以打开开发者命令行工具,进入该文件所在目录,运行“cl myfirst.c”命令,如果没有错误,则会生成 myfirst.obj 和 myfirst.exe 两个文件,运行 myfirst.exe 即可。当然,也可以在 IDE 中建立工程、编辑、建造并运行调试,如果一切正常,则该程序的输出是:

```
I am a student.
My favorite number is 6.
```

从案例 1.2 和图 1.3 中可以看到典型的 C 程序结构。

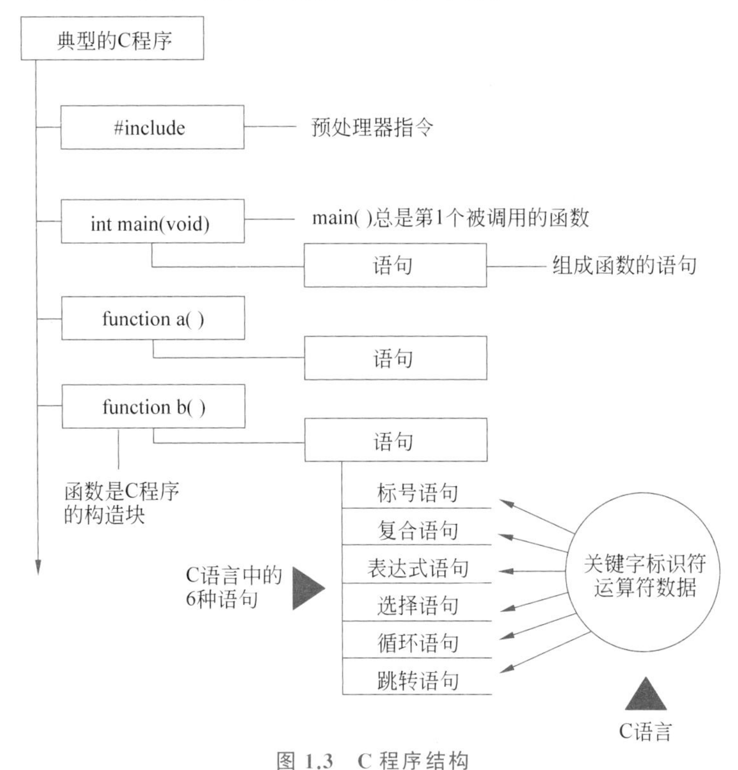

图 1.3　C 程序结构

1.7.1 C程序元素

1. #include指令和头文件

```
#include <stdio.h>
```

#include这行代码是案例1.2的第1行,这是一条C预处理器指令。通常,C编译器在编译前会对源代码做一些准备工作,即预处理。#include中的“#”符号表明C预处理器会在编译器接手之前处理这条指令。stdio.h是C编译器软件包的标准部分,它提供键盘输入和屏幕输出的支持。

#include <stdio.h>的作用相当于把stdio.h文件中的所有内容都输入该行所在的位置。实际上,这是一种“复制-粘贴”的操作。

所有的C编译器软件包都提供stdio.h文件,该文件中包含供编译器使用的输入函数和输出函数,如printf()函数。该文件名的含义是标准输入/输出头文件。通常,在C程序顶部的信息集合称为头文件(header)。在大多数情况下,头文件包含编译器创建最终可执行程序要用到的信息。例如,头文件中可以定义一些常量,或者指明函数名以及如何使用它们。

ANSI/ISO C规定了C编译器必须提供哪些头文件。特定C实现的文档中应该包含对C库函数的说明,这些说明确定了使用哪些函数需要包含哪些头文件。例如,要使用printf()函数,必须包含stdio.h头文件。

2. int main()

```
int main();
```

案例1.2中的第2行表明该函数名为main。C程序一定从main()函数开始执行,且main()函数必须是开始的函数。除了main()函数,可以任意命名其他函数。圆括号的功能是识别main()是一个函数。

int是main()函数的返回类型,这表明main()函数返回的值是整数,返回给其宿主环境(host environment)。我们的程序通常运行在带有操作系统的计算机中,程序的运行一定需要其他程序来激活它,例如使用命令行、鼠标双击IDE里的运行等,这个父进程(程序)需要知道该程序的运行结果,这个结果即main的返回值或调用exit(x)函数退出的x值,该值首先报给操作系统,操作系统再返回给其父进程。该值通常表示程序是否运行正确,惯例用0来表示,其他值表示错误代码。

通常,函数名后面的圆括号中包含一些传入函数的信息。该例中不需要传递任何信息。因此,圆括号内是空或者写void。

main函数是C语言里非常特殊的函数,它没有原型,即没有一个固定的格式。我们常用的有int main()(或int main(void)明确表示无参数),带有命令行参数的int main(int argc, char * argv[]);对于嵌入式系统,也常用void main()的形式,即无返回类型。void main()这种形式虽然也可以用在有操作系统的环境里,但其返回值不定(c99以后)。采用int main()形式时,即便我们不关心程序的结果,也建议在结束前写上“return 0;”,表示程序

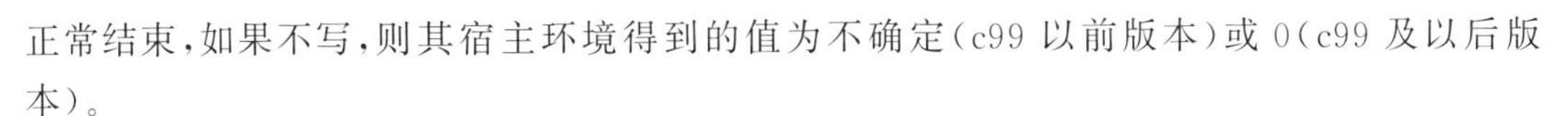

正常结束，如果不写，则其宿主环境得到的值为不确定(c99 以前版本)或 0(c99 及以后版本)。

C 程序可以包含一个或多个函数，它们是 C 程序的基本模块。

3. 注释

```
/*一个简单的程序*/。
```

在程序中，被“/*　*/”两个符号括起来的部分是程序的注释。写注释能让人更容易了解所写的程序。C 语言注释的好处之一是可将注释放在任意地方，甚至可以与要解释的内容放在同一行。较长的注释可单独放一行或多行。在“/*”和“*/”之间的内容都会被编译器忽略。下面列出了一些有效和无效的注释形式：

```
/*这是一条 C 注释。*/
/*
```

也可以这样写注释：

```
*/
/*这条注释无效,因为缺少了结束标记。
```

C99 新增了另一种风格的注释，普遍用于 C++ 和 Java。这种新风格使用“//”符号创建注释，仅限于单行。“//”这种注释只能写成一行，因为一行末尾就标志着注释的结束，所以这种风格的注释只需在注释开始处标明“//”符号即可。

```
int num;                        //这种注释也可置于此。
```

4. 花括号、函数体和块

案例 1.2 中，花括号把 main()函数括了起来。C 语言规定，所有的 C 函数都使用花括号“{ }”标记函数体的开始和结束。花括号还可用于把函数中的多条语句合并为一个单元或块。左花括号表示函数定义开始，右花括号表示函数定义结束。

案例 1.2 中的函数体内有声明语句、赋值语句、函数调用语句、return 语句。

声明语句：

```
int num;
```

这行代码叫作声明(declaration)。声明是 C 语言重要的特性之一。在 C 语言中，所有变量都必须先声明才允许使用。在该例中，声明完成了两件事。其一，在函数中有一个名为 num 的变量(variable)；其二，int 表明 num 是一个整数，即没有小数点或小数部分的数，其大小通常占 4 字节的空间，也有一些 16 位的嵌入式系统占 2 字节。int 是一种数据类型。编译器使用这些信息使程序在运行时为 num 变量在内存中分配存储空间。分号在 C 语言中是大部分语句和声明的一部分。

int 是 C 语言的一个关键字(keyword)，表示一种基本的 C 语言数据类型。关键字是语言定义的单词，不能用作其他用途。例如，不能用 int 作为函数名和变量名。C 语言可以处理多种类型的数据，如整数、字符和浮点数。只有把变量声明为整型、浮点、字符等这类明确的具体类型，计算机才能正确地存储、读取和解释数据。

语句中的 num 是一个标识符(identifier)，即一个变量、函数或其他实体的名称。因此，声明把特定标识符与计算机内存中的特定位置联系起来，同时也确定了存储在某位置的信息类型或数据类型。在 C99 标准以前，只允许用小写字母、大写字母、数字和下画线来命名标识符，注意要求名称的第 1 个字符必须是字符或下画线，不能是数字。虽然 C99 标准以后可以使用 Unicode 字符来命名，即可以包含汉字甚至是“$”符号，但我们十分不建议如此书写程序，除非你打算让外国同行完全无法看懂，因此行业内也一直习惯沿用旧的标准。给变量命名时，通常根据变量的性质和用途来使用简单符号或有意义的简写来命名变量名或标识符。例如，程序中如果需要一个临时的循环，则通常使用 i、j、k 这样的简单符号；如果需要一个变量存储人数，可将变量名定义为 num_person 或 numPerson，这就比定义为 a、b 这样的变量名称要好理解得多。如果变量名无法清楚地表达自身的用途或含义比较模糊，则可在注释中进一步说明。软件生产中，代码通常要通过其他同事的审核，后期也可能有其他同事对代码进行修正，因此保持代码清晰易读，包含适当的程序注释是一种良好的编程习惯(表 1.1)。

以前的 C 语言要求把变量声明在块的顶部，其他语句不能在任何声明的前面。C99 和 C11 允许把声明放在块中的任何位置，但要保证首次使用变量之前先声明它。

表 1.1 有效和无效的名称

有效的名称	无效的名称
wiggles	$Z]**
cat2	2cat
Hot_Tub	Hot-Tub
taxRate	tax rate
_kcab	don't

赋值语句：

```
num = 1;
```

此语句为赋值表达式语句。赋值是 C 语言的基本操作之一。该行代码的意思是“把值 1 赋给变量 num”，也就是把整数常量 1 存储到 num 所在的存储单元，这个单元能存储一个 int 类型的整数。在执行“int num;”语句时，编译器在计算机内存中为变量 num 预留了空间，然后在执行这行赋值表达式语句时，把值存储在之前预留的位置。num 可读可写，因此可以给 num 赋不同的值，这就是 num 之所以称为变量(variable)的原因。注意，该赋值表达式语句从右侧把值赋到左侧。另外，该语句以分号结尾，如图 1.4 所示。

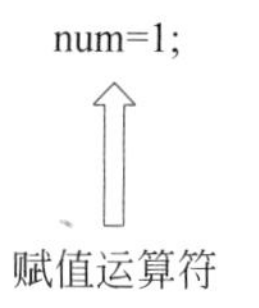

num=1;

⇧

赋值运算符

图 1.4 赋值语句

printf()函数

```
printf("I am a student ");
printf("My favorite number is %d .\n", num);
```

这两行都使用了C语言的一个标准函数printf()。圆括号表明printf是一个函数名。圆括号中的内容是从main()函数传递给printf()函数的信息。例如,上面的第1行把"I am a student"传递给printf()函数。该信息称为参数。printf()函数会查看双引号中的内容,并将其打印在屏幕上。

第1行的printf()函数演示了在C语言中如何调用函数。只需输入函数名,把所需的参数填入圆括号即可。当程序运行到这一行时,控制权转给已命名的函数,本例中是printf()。函数执行结束后,控制权返回至主调函数,本例中是main()。

第2行的printf()函数的双引号中的"\n"字符并未输出,它的意思是换行。\n组合(依次输入这两个字符)代表一个换行符。对于printf()而言,它的意思是"在下一行的最左边开始新的一行"。也就是说,打印换行符的效果与在键盘上按Enter键相同。既然如此,为何不在输入printf()参数时直接使用Enter键?这是因为编辑器可能认为这是直接的命令,而不是存储在源代码中的指令。换句话说,如果直接按Enter键,编辑器会退出当前行并开始新的一行。但是,换行符仅会影响程序输出的显示格式。

换行符是一个转义序列。转义序列用于代表难以表示或无法输入的字符。例如,\t代表Tab键,\b代表Backspace键(退格键)。每个转义序列都以反斜杠字符(\)开始。

对比发现,参数中的%d被数字6代替了,而1就是变量num的值。%d相当于是一个占位符,其作用是指明输出num值的位置。

return语句:

```
return 0;
```

return语句是案例1.2的最后一条语句。int main(void)中的int表明main()函数应返回一个整数。有返回值的C函数要有return语句。该语句以return关键字开始,后面是待返回的值,并以分号结尾。对于符合C99及其以后标准的编译器,如果遗漏main()函数中的return语句,程序在运行至最外面的右花括号(})时会返回0,之前返回值未定义,即可能是任意一个值,因此,可以省略main()函数末尾的return语句。但是,仍然强烈建议读者养成在main()函数中保留return语句的好习惯。

1.7.2　C程序结构

简而言之,一个简单的C程序的格式包括预处理、函数头和函数体,如下所示:

```
#include  <stdio.h>
int main()                                          //函数头
{        //函数体
    语句
    return    0;
}
```

当程序功能变复杂后，会有多个函数参与其中，案例1.3演示了除main()函数以外，如何把自己的函数加入程序。

案例 1.3

```
//*一个文件中包含两个函数*/
#include <stdio.h>
static void hello(void);                        /*ANSI/ISO C函数原型*/
int main()
{
    ...
    hello();
    ...

    return    0;
}
static void hello()                             /*函数定义开始*/
{
    printf("Hello!\n");
}
```

案例分析：

hello()函数在程序中出现了3次。第1次是函数原型(prototype)，告知编译器有名为hello的函数，其不需要输入变量，也不返回任何结果；第2次以函数调用(function call)的形式出现在main()中；最后一次出现在函数定义(function definition)中，函数定义即函数本身实现的源代码。

C90标准新增了函数原型。函数原型是一种声明形式，告知编译器函数的规格以帮助用户进行函数使用的合法性检查，因此函数原型也称为函数声明(function declaration)。早期对函数原型的要求比较简单，有一个名称即可，新的标准里函数原型详细指明了函数的属性。例如，hello()函数原型中的第1个void表明hello()函数没有返回值。通常，被调函数会向主调函数返回一个值。第2个void hello(void)中的void明确指出hello()函数不带参数。当编译器运行至主函数中的"hello();"进行调用时，会检查hello()是否使用得当。注意，void在这里的意思是"空的"，而不是"无效"。hello()函数被修饰为static，表示这个函数只在本源文件中有效，不对外公开。公开的函数通常称为接口函数，不能重名，而static函数在不同源文件中互不干扰。

在main()中调用hello()很简单，只要写出函数名和圆括号即可。当hello()执行完毕后，程序会继续执行main()中的下一条语句。

程序的最后部分是hello()函数的定义，其形式和main()相同，都包含函数头和用花括号括起来的函数体。函数头重述了函数原型的信息：hello()不带任何参数，且没有返回值。

何时执行hello()函数取决于它在main()中被调用的位置，而不是hello()的定义在文件中的位置，hello()和main()既没有先后关系，也没有从属关系。例如，把hello()函数的定义放在main()定义之前并不会改变程序的执行顺序，hello()函数仍然在两次printf()调用之间被调用。记住，无论main()在程序文件中处于什么位置，所有的C程序都从main()开始执行。C标准建议，要为程序中用到的所有函数提供函数原型。标准include文件(包

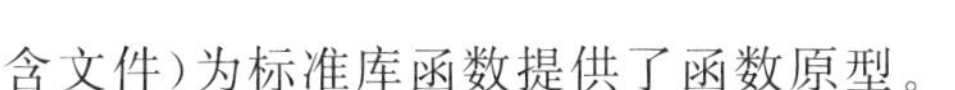

含文件)为标准库函数提供了函数原型。

1.7.3 调试程序

程序的错误通常叫作 bug,找出并修正错误的过程叫作调试(debug)。案例 1.4 是一个有错误的程序,看看你能找出几处 bug。

案例 1.4

```
/* 有错误的程序 */
#include <stdio.h>
int    main() (
    int     n,     int     n2,     int     n3;
    /* 该程序有多处错误
    n = 5;
    n2 = n * n; n3 = n2 * n2;
    printf("n    = %d,    n squared = %d,    n cubed    = %d\n", n, n2, n3)
    Return 0;
)
```

案例分析:

1. 语法错误

案例 1.4 中有多处语法错误。如果不遵循 C 语言的规则,就会犯语法错误。C 语言的语法错误指的是不符合 C 语言语法定义的书写方法,编译器会明确指出这些错误的位置和原因。

首先,在案例 1.4 中,main()函数体使用圆括号来代替花括号,这就是把 C 符号用错了地方。

其次,变量声明应该这样写:

```
int n, n2, n3;
```

或者,这样写:

```
int    n;
int    n2;
int    n3;
```

再次,main()中的注释末尾漏掉了“ * /”;或者用“//”替换“/ * ”。

最后,printf()语句末尾漏掉了分号。

如何发现程序的语法错误?首先,IDE 通常会对文件进行检查,有语法错误的地方通常都会使用波浪线标记出来。其次,当对源文件进行编译时,如果有语法错误,编译器会详细报告错误的位置和类型,甚至给出修改建议。如果程序前面出现语法错误,往往会导致后面接连发生错误。例如,由于案例 1.4 未正确声明 n2 和 n3,会导致编译器在使用这些变量时出现更多问题。一个好的方法是,仅修正第 1 条或前几处明显错误后,再编译进行除错,错误信息会很快收敛,继续这样做,直到编译器不再报错为止。编译器报错的位置有时会有偏差,有时会比真正的错误位置滞后一行。例如,编译器在编译下一行时才会发现上一行缺少分号。因此，如果编译器报错某行缺少分号，请检查上一行。语法错误是最容易解决的错误，经过一段时间的训练就可以熟练排除。

2. 语义与逻辑错误

语义与逻辑错误是指程序的书写没有按照设计意图进行运算或运行，排除这类错误是程序设计里主要的工作之一。在C语言中，如果遵循了C规则，但是结果不正确，那么就是犯了语义与逻辑错误。程序示例中有这样的错误：

```
n3 = n2 * n2;
```

此处，n3原意表示n的3次方，但是代码中的n3被设置成n的4次方(n2 = n * n)。

编译器无法检测语义错误，这是因为这类错误并未违反C语言的规则。编译器无法了解用户的真正意图，所以用户只能自己找出这些错误。例如，假设修正了程序的语法错误，程序应该如案例1.5所示。

案例1.5

```
/* 修复了语法错误的程序 */
#include <stdio.h>
int    main()
{
    int    n, n2, n3;
    /* 该程序有一个语义错误 */ n = 5;
    n2 = n * n; n3 = n2 * n2;
    printf("n =     %d,     n squared = %d,     n cubed     = %d\n", n, n2, n3);
    return 0;
}
```

案例分析：

该程序的输出如下：

```
n = 5, n squared = 25, n cubed = 625
```

如果对简单的立方计算比较熟悉，就会注意到结果625不对，并通过跟踪程序的执行步骤，找出程序如何得出这个答案。跟踪就是把自己想象成计算机，跟着程序的步骤一步一步地执行。

3. 程序状态

通过逐步跟踪程序的执行步骤，并记录每个变量，便可监视程序的状态。程序状态(program state)是在程序的执行过程中某给定点上所有变量值的集合，它是计算机当前状态的一个快照。

虽然可以模拟计算机逐步执行程序，但如果程序中有10000次循环，这种方法恐怕行不通。不过，你可以跟踪一小部分循环，看看程序是否按照预期的方式执行。另外，还要考虑一种情况：用户很可能按照自己所想去执行程序，而不是根据实际写出来的代码去执行。因此，要尽量忠实代码进行模拟。

定位语义错误的另一种方法是添加断言assert(需要包含＜assert.h＞)，或在程序中的关键点插入额外的调试用 printf()语句，再或者使用日志监视所关注变量值的变化。注意，使用 printf 时，需要在发布版中去除，通常用宏来自动分辨当前编译环境是调试版本还是发行版本。而 assert 会自动去除，是十分常用的手段。

检测程序状态的第 3 种方法是使用调试器，通常工具链中均包含该工具，如常用的 gdb 调试器。调试器(debugger)是一种程序，可以一步一步地运行另一个程序，并检查该程序变量的值。命令行(CLI)的调试器有不同的使用难度和复杂度，但功能也是最全面的，值得花时间学会怎么使用它。IDE 多数都包装了调试器绝大多数的功能，其使用方式比命令行要方便直观得多，强烈建议熟练掌握该工具的用法。

1.8　关键字和保留标识符

关键字是 C 语言的词汇。关键字对 C 而言比较特殊，不能用它们作为标识符，如变量名。许多关键字用于指定不同的类型，如 int。还有一些关键字，如 if，用于控制程序中语句的执行顺序。在表 1.2 中所列的 C 语言关键字中，粗体表示 C90 标准新增的关键字，斜体表示 C99 标准新增的关键字，粗斜体表示 C11 标准新增的关键字。

表 1.2　ISO C 关键字

auto	extern	short	while
break	float	**signed**	***_Alignas***
case	for	sizeof	***_Alignof***
char	goto	static	***Atomic***
const	if	struct	***_Bool***
continue	*inline*	switch	***_Complex***
default	int	typedef	***_Generic***
do	long	union	***_Imaginary***
double	register	unsigned	***_Noreturn***
else	restrict	void	***_Static_assert***
enum	return	**volatile**	***_Thread_local***

C23 标准可以查阅对应的标准文档：https://open-std.org/JTC1/SC22/WG14/www/docs/ n3220.pdf。

如果关键字使用不当(如用关键字作为变量名)，编译器会将其视为语法错误。还有一些保留标识符，C 语言已经指定了它们的用途或保留它们的使用权，如果使用这些标识符来表示其他意思，就会导致一些问题。因此，尽管它们也是有效的名称且不会引发语法错误，但也不能随便使用。保留标识符通常是那些以下画线开头的标识符和标准库函数名，如 printf()。

1.9 本章小结

C是强大而简洁的编程语言，它之所以流行，在于其语言特点简洁高效且十分灵活，并有大量的实用工具以及半个世纪积累下来的生态环境。另外，操作系统的系统调用接口也是以C语言库的方式提供的，其稳定的ABI十分讨软件厂商的喜爱。由于C语言标准的制定原则是相信程序员，因此这也使得C语言比其他语言更容易带入不安全的代码，这更要求我们在一开始学习的时候就要养成严谨的好习惯。

C是编译型语言。C编译器和链接器是把C语言源代码转换成可执行代码的程序。

C程序由一个或多个C函数组成。每个C程序必须包含一个main()函数，这是C程序要调用的第一个函数。简单的函数由函数头和后面的一对花括号组成，花括号中是由声明、语句组成的函数体。

在C语言中，大部分语句都以分号结尾。声明为变量创建变量名和标识该变量中存储的数据类型。变量名是一种标识符。赋值表达式语句把值通过赋值运算符赋给变量，或者更一般地说，是把值赋给存储空间。函数表达式语句用于调用指定的已命名函数。调用函数执行完毕后，程序会返回到函数，然后调用后面的语句继续执行。

printf()函数用于输出想要表达的内容和变量的值。

一门语言的语法是一套规则，用于管理语言中各有效语句组合在一起的方式。语句的语义是语句要表达的意思。编译器可以检测出语法错误，但是程序里的语义错误只有在编译完之后才能从程序的行为中表现出来。检查程序是否有语义错误要跟踪程序的状态，即程序每执行一步后所有变量的值。

最后，关键字是C语言的词汇。

1.10 课后习题

1. 对编程而言，可移植性意味着什么？
2. 解释源代码文件、目标代码文件和可执行文件有什么区别？
3. 编程的7个主要步骤是什么？
4. 编译器的任务是什么？
5. 链接器的任务是什么？
6. C语言的基本模块是什么？
7. 什么是语法错误？写出一个英语例子和C语言例子。
8. 什么是语义错误？写出一个英语例子和C语言例子。
9. 小明编写了下面的程序，并征求你的意见。请帮助他进行分析并给出修改建议，使程序能正常运行。

```
include    studio.h
int main{void}                              /* 该程序打印一年有多少周 /* (
int    s
s:= 56;
```

```
print(There    are s weeks in a    year.);
return    0;
```

10. 以下程序的输出结果是什么？

```
int num;
num = 2;
printf("%d    + %d = %d", num, num,    num + num);
```

11. 在 main、int、function、char、"="中，哪些是 C 语言的关键字？

12. 如何以下面的格式输出变量 words 和 lines 的值(这里的 3020 和 350 代表两个变量的值)？

```
There were 3020 words and 350 lines.
```

13. 考虑下面的程序：

```
#include    <stdio.h>
int    main(void)
{
  int a;
  int b;
  a = 5;
  b = 2;                                          /*第 7 行*/
  b = a;                                          /*第 8 行*/
  a = b;                                          /*第 9 行*/
  printf("%d %d\n", b, a); return 0;
}
```

请问在执行完第 7、8、9 行后，程序的状态分别是什么？

14. 考虑下面的程序：

```
#include    <stdio.h>
int main(void)
{
    int    x, y;
    x=    10;
    y = 5;                                        /*第 7 行*/
    y = x + y;                                    /*第 8 行*/
    x = x * y;                                    /*第 9 行*/
    printf("%d    %d\n",    x, y);
    return 0;
}
```

请问在执行完第 7、8、9 行后，程序的状态分别是什么？

15. 编写一个程序，调用一次 printf()函数，把你的姓名打印在一行。再调用一次 printf()函数，把你的姓名分别打印在两行。然后，再调用两次 printf()函数，把你的姓名打印在一行。输出应如下所示(要把示例的内容换成你的姓名)：

```
张 三丰
张
三丰
三丰 张
```

16. 编写一个程序，打印你的姓名和地址。

17. 编写一个程序，把你的年龄转换成天数，并显示这两个值。这里不用考虑闰年的问题。

18. 许多研究表明，微笑益处多多。编写一个程序，生成以下格式的输出：

```
Smile!Smile!Smile! Smile!Smile!
Smile!
```

该程序要定义一个函数，该函数被调用一次便打印一次“Smile!”，根据程序的需要使用该函数。

第2章　数据、字符串和格式化输入/输出

2.1　本章内容与要求

本章介绍以下内容：

- C 语言的数据类型：基本类型和构造类型。基本类型包括整型、实型和字符型。
- 字符串。
- 格式化输入/输出函数 printf()和 scanf()。

本章首先介绍 C 语言标准支持的数据类型，以及每种类型的存储方式、关键字和使用注意事项，然后介绍字符串和格式化输入/输出语句 printf()和 scanf()的使用方法。

2.2　数据类型概述

C 语言处理的对象是数据。数据类型是学习 C 语言无法避免的重要主题，也是程序员必须深入了解的基础知识。通过合理地选择和使用数据类型，程序员可以在编写代码时更有效地控制内存占用，提高运行效率。

2.2.1　常量和变量

在 C 语言中，数据主要有两种表现形式：常量和变量。常量是指在程序运行过程中值不会发生变化的对象，也称为字面量。常量在运行时刻，或作为指令的立即数，或存储于全局数据区的常量区，运行时均不可更改。与之相反，变量是指程序运行过程中值会发生变化的对象。常量包括整型常量、实型常量、字符常量、字符串常量和复合字面量，另外还有符号常量的概念，但其与常量有一定的区别，全局符号常量为常量，局部符号常量只是提示不要更改，后续会在相应章节详细解释。

2.2.2　数据类型

数据在计算机中是以二进制 0 和 1 的形式进行存储的。计算机中最小的存储单位是比特，然后是字节。不同的数据类型表示数据在计算机中的存储形式和占据的存储空间是不同的。图 2.1 展示了 C 语言中涉及的数据类型和对应的 C 语言关键字表示，“*”表示数据类型为 C99 标准新增。C 语言的主要类型如下。

- 基本类型：包括字符型、整型、实型(浮点型)、Bool 类型、复数和虚数类型。

- 构造类型：包括数组、结构体和共用体类型。
- 枚举类型。
- 空类型。
- 指针类型。

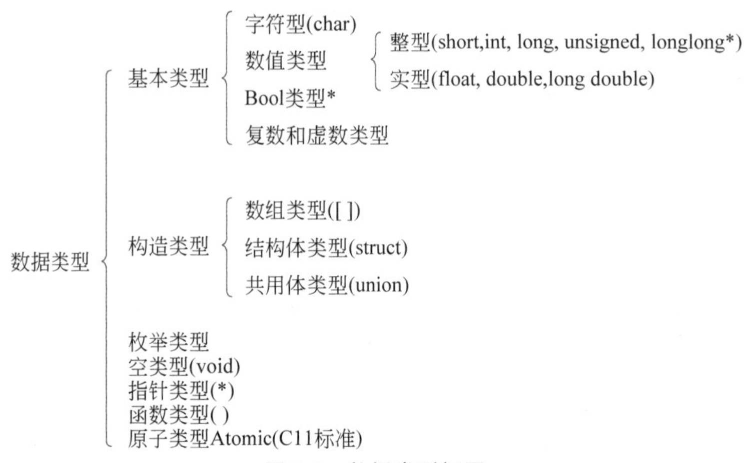

图 2.1　数据类型框图

基本类型的数据又分为常量和变量两类，会与具体的类型结合起来使用。整型和实型对象的值均为数值，统称为数值类型。随着计算机语言的发展，为适应各行各业的需求，关键字的种类不断增加，表 2.1 列出了不同 C 语言标准中增加的关键字。

表 2.1　数据类型关键字

K&R 中的关键字	C90 新增关键字	C99 新增关键字	C23 新增关键字
int	signed	_Bool	_BitInt
short	void	_Complex	_Decimal32
long		_Imaginary	_Decimal64
unsigned		long long	_Decimal1128
char			bool
float			true
double			false

2.2.3 整型数据

1. 整数在计算机中的存储形式

整数在计算机中以补码形式存储。图 2.2 是整数 10 和－10 在计算机中的存储示意图。存放正整数时，存储单元的最高位，即最左面一位为 0。与之相反，负整数的最高位为 1。

正数的原码、反码、补码均相同。

原码：用最高位表示符号位，其余位表示数值位的编码称为原码。其中，正数的符号位为 0，负数的符号位为 1。

图 2.2　整数 10 和 −10 在计算机中的存储示意图

负数的反码：把原码的符号位保持不变，数值位逐位取反，即可得到原码的反码。

负数的补码：在反码的基础上加 1，即得该原码的补码。

2. 整型常量

整型常量就是数学意义上的整数。除了常使用的十进制数，八进制、十六进制也是程序员经常使用的整数表示方法。不同进制数以不同的前缀来表示。

（1）八进制数

八进制整常数以前缀 0 表示，即以数字 0 作为八进制数的开头。数码取值为 0～7。如 0137 表示八进制数 137，即$(137)_8$，等于十进制数 95，即 $1\text{x}8^2+3\text{x}8^1+7\text{x}8^0=95$；−071 表示八进制数−71，即$(-71)_8$，等于十进制数$-(7\text{x}8^1+1\text{x}8^0)=-57$。

（2）十六进制整常数

十六进制整常数的前缀以 0X 或 0x 表示。数码取值为 0～9，A～F 或 a～f。如 0x137 表示十六进制数 137，即$(137)_{16}$，等于十进制数 311，即 $1\text{x}16^2+3\text{x}16^1+7\text{x}16^0=311$；0x−FA 表示十六进制数−FA，即$(-\text{FB})_{16}$，十进制数为$-(15\text{x}16^1+11\text{x}16^0)=-251$。

（3）十进制整常数

十进制整常数不需要后缀，数码取值为 0～9。

（4）二进制常量

C23 将二进制常量引入了标准，例如 0b01001100。

3. 整型变量类型

C 语言提供了多种整数类型，不同的整数类型表示不同的取值范围，占用不同的存储空间。C 语言包括的整型类型有整型 int、短整型 short(int)、长整型 long(int)和双长型 long long(int)，每种类型又分别对应无符号类型 unsigned。不同编译器中，不同整型类型占用的存储空间和取值范围不同。C 语言标准只是规定了 short 占用的存储空间不能多于 int，int 占用的存储空间不能多于 long。表 2.2 列出了 Visual studio 编译环境下各种整型类型占用的存储空间和取值范围，也是常见的个人计算机设置。读者可以使用 sizeof ()函数查看自己安装的编译环境中的整型类型占用的存储空间，如使用 sizeof (long)命令可以得到 long 类型占用的存储空间。

表 2.2　整数类型的存储空间和取值范围(Visual studio 的设置)

类　型	字 节 数	取 值 范 围
int	4	−2147483648～2147483647
short	2	−32768～32767

续表

类　型	字节数	取值范围
long	4	−2147483648～2147483647
long long	8	−9223372036854775808～9223372036854775807
unsigned int	4	0～4294967295
unsigned short	2	0～65535
unsigned long	4	0～4294967295
unsigned long long	8	0～18446744073709551615
signed char	1	−128～127
unsigned char	1	0～255

unsigned 类型是指存储整数时不存放符号位，即最高位不表示符号位，而用来表示数值。也就是说，unsigned 只能表示正数。unsigned 占用的存储空间与有符号类型一样，但由于没有符号位，在正整数方向，它表示的取值范围是有符号整型的 2 倍，但总空间一样。通常 int、short、long、long long 等同于 signed int、signed short、signed long、signed long long，因此通常省略。需要注意的是，char 不一定是 signed char，在 PowerPC、Arm 等 CPU 构建下的编译器实现中，char 等同 unsigned char，而在常用的 Intel CPU 构建下的编译器实现中，char 默认是 signed char。

在所有的数据类型中，int 和 long 类型在不同构建的 CPU 或者操作系统下是不同的。当前的编译器常见(仅见)的数据模型有 4 种方式。

(1) LP32 多针对 16 位及以下 CPU 系统，其长整数(long)和指针(*)是 32 位的，而整数(int)是 16 位的。

(2) ILP32 通常针对 32 位 CPU 或者操作系统，其整数(int)、长整数(long)、指针(*)均是 32 位，例如我们所说的 32 位 Windows、安卓、Linux 等系统均采用该数据类型。

(3) LLP64 针对的是 64 位操作系统，其长长整数(long long)类型和指针类型是 64 位的，整数是 32 位的。例如微软的 Windows 64 位操作系统。

(4) LP64 针对的是 64 位操作系统，其长整数(long)和长长整数(long long)以及指针均是 64 位的，整数 32 位。例如：所有国产基于 Linux 的操作系统。

由于不同环境下的编译器的数据模型不同，int 和 long 在不同的环境下的实际字长也不同，这不仅为程序的移植带来了混乱，在存储或与不同设备或者网络进行数据交换时也需要约定好具体类型。C99 标准要求提供<stdint.h>头文件从而提供固定宽度的扩展类型定义。例如 int32_t 表示有符号的 32 位整数，uint64_t 表示 64 位无符号整数，intptr_t 表示与指针等同位宽的整数类型等。

整数类型在 C 语言里的地位比较特殊，其宽度也是 CPU 运算的基础位宽，所有位宽小于整数的运算事实上是在整数域上运算再转换回去的。如果没有特殊情况，则在 int 能满足运算时就选用 int，当数据范围不满足要求时，则使用 long long int 等，如果还不足，则需要使用专有的第三方数值计算库来处理，如 gmp 库等。如果需要存储和传输，需要考虑更紧凑的 short、char 等类型。

4. 整数常数的类型

整型常量的类型有些复杂，其和常数的进制还有关系。如果是十进制，如 1123，默认为 int 类型。如果数字超出了 int 类型的取值范围，编译器会将其视为 long 类型。如果数字超出 long 的取值范围，C99 之前的编译器将其存储为 unsigned long 类型，C99 及其以后将视为 long long。但不是所有编译器均那么符合 C99 标准，如微软的编译器，代码如下：

```
int c = -2147483648;
```

这个定义编译通不过，因为超范围使用了无符号数，但是负数，因此报错。必须写成：

```
int c = -2147483647 - 1。
```

这在 gcc 等符合 C99 标准的编译器下一切正常。

八进制和十六进制常量同样默认为 int 类型。如果数值较大，则存储为 unsigned int。如果还不够大，则编译器会依次使用 long、unsigned long、long long 和 unsigned long long 类型。

当需要编译器以 long 类型存储一个数字时，可以在值的末尾加上小写的 l 或 L 后缀。使用 L 后缀更好，因为小写 l 看上去和数字 1 很像。同理，在支持 long long 类型的系统中，也可以使用小写 ll 或 LL 后缀来表示 long long 类型的值，如 653LL。另外，u 或 U 后缀表示 unsigned 类型，如 987u、9003LLU 或 8632ULL。

需要特别注意的是，尽管多数情况下纯常量间的运算与变量间的运算的结果是一样的，但仍然有区别。变量的运算法则依赖 CPU 的硬件特性，而常量的运算是由其内部的数值运算算法实现的，并不直接依赖 CPU 指令。

5. 整型变量的声明、初始化和打印

在 C 语言中，变量必须先定义后使用。声明变量的作用是创建变量和标记存储空间。声明变量时要指定变量的类型和名字，类型说明符与变量名之间至少用一个空格间隔，声明语句以分号结束。声明多个相同类型的变量时，变量名之间用逗号分隔。变量名的命名规则同标识符的规则。变量声明的一般形式是：

```
类型说明符 变量名标识符 1,变量名标识符 2,...;
```

例如

```
int age;
int months, years;                          //声明多个 int 型变量
```

初始化变量是为变量赋初始值。初始化可以和声明变量同时进行，形式为在声明语句后加上赋值运算符和变量值。如

```
int age;
int months =12, years =5;
```

可以用 printf () 实现整型数据的打印。转换说明%d 表示打印的整数类型为 int。

printf()格式化字符串中的每个%d都与打印变量列表中对应的int值匹配。这个int值可能是int类型的变量、int类型的常量或者其他任何值为int类型的表达式。

打印short类型,转换说明为%hd。打印long类型和long long类型,转换说明分别为%ld和%lld。对于unsigned类型,转换说明为%u。h和l可以一起使用,如%hu表示unsigned short类型。注意,在转换说明中,必须用小写字母。

八进制、十进制、十六进制数的转换说明分别为%o、%d和%x。如果需要显示进制数的前缀,转换说明分别为%#o、%#d和%#x。

案例 2.1

```
#include <stdio.h>
int main()
{
    unsigned int num1 = 3568329076;                //假设系统 int 为 32 比特
    short num2 = 200;                              //假设系统 short 为 16 比特
    long num3 = 65537;

    printf("num1 = %u and not %d\n", num1, num1);
    printf("num2 = %hd and %d\n", num2, num2);
    printf("num3 = %ld and not %hd\n", num3, num3);
    printf("dec = %d; octal = %o; hex = %x\n", num3, num3, num3);

    return 0;
}
```

案例分析:

程序的输出结果为:

```
num1 = 3568329076 and not -726638220
num2 = 200 and 200
num3 = 65537 and not 1
dec = 65537; octal = 200001; hex = 10001
```

第1行输出,对于无符号变量num1,使用%d输出为负值,原因是不同类型的数据取值范围不同。声明时,3568329076在内存中以无符号数的形式存储,最高位为1。以%d打印时,最高位要作为符号位,表示num1为负数。所有整数以补码形式存储,转换为原码后,值为−129496296。但对于int取值范围内的整数,有符号和无符号数显示的结果相同。

第2行输出,对于short类型的变量num2,在printf()中无论指定以short类型(%hd)还是int类型(%d)打印,结果都相同,因为在将参数传递给printf()函数时,C编译器把short类型自动转换为int类型。自动转换的原因是在short和int类型大小不同的计算机中,int类型的参数传递速度更快。用h修饰符可以显示把较大整数截断成short类型值的情况,第3行输出演示了这种情况。65537在内存中的存储形式是00000000000000010000000000000001。使用%hd打印,printf()只会截取最后16位,所以结果是1。最后一行是将num3分别以十进制、八进制和十六进制打印。

6. 整型数据的溢出

当整数运算溢出时,其结果根据类型不同而不同。如果是有符号数,其溢出一定是回

卷，但有符号运算的溢出情况比较复杂，标准里没有统一定义，补码回卷是合理也是最常见的实现。

当位宽小于整数位宽时，由于在整数域运算再转为特定类型，因此其溢出的结果是确定的。

案例 **2.2**

```
#include <stdio.h>
int main()
{
    short num1,num2;                                  //假设 short 类型为 16 比特
    num1 = 32767; num2 = num1 + 1;
    printf("num1 = %d,num2 = %d",num1,num2);

    return 0;
}
```

案例分析：

输出结果为：

```
num1 = 32767,num2 = -32768
```

在声明中，num1 以有符号 short 类型在内存中存储，32767 为 short 类型能存储的最大值，存储形式如图 2.3 所示。当再加 1 后，存储的内容变为图 2.3 的第二行。num2 为有符号数，所以最高位 1 是符号位，表示负数，其他 15 个 0 表示的是补码，转换为原码后，num2 为－32768。注意：编译器并不提醒程序员存在的溢出问题，因此在编程时应该注意程序的运行特性应与设计意图是一致的。

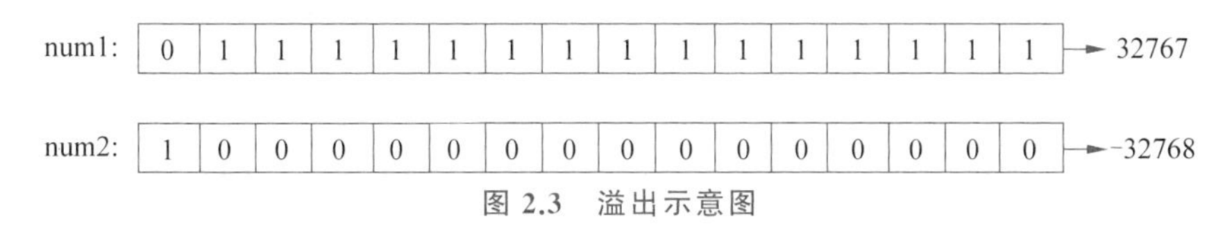

图 **2.3**　溢出示意图

2.2.4　字符数据类型

1. 字符常量

字符常量是指用单引号括起来的字符，如'5'，'c'，'D'，'＊'，'＃'。C 语言中，字符常量有以下三个特点。

(1) 字符常量只能用单引号括起来，不能用双引号或其他符号。

(2) 字符常量只能是单个字符，不能是多个字符。

(3) 字符可以是字符集中的任意一个字符，包括英文字母 A～Z、a～z，数字 0～9，以键盘上的其他专门符号，如()，＊，!，<，还包括空格、制表符等。

数字字符和数字是不同的概念。如 5 和'5'是不同的数据类型，'5'是字符型常量，仅表示是一个字符，而 5 是整型常量，可进行各种算术运算。

C 语言还定义了一种特殊的字符常量——转义字符。转义字符以反斜线“\”开头，后面

跟一个或几个字符。转义字符具有特定的含义，不同于字符本身的意义。常用的转义字符表如图 2.4 所示。

\\：反斜杠	\n：换行
\'：单引号	\r：回车
\"：双引号	\t：制表符（水平制表）
\?：问号	\v：垂直制表
\a：警报（响铃）	\0：空字符
\b：退格	\ooo：八进制表示的字符（其中ooo是一个八进制数，范围为0~377）
\f：换页	\xhh：十六进制表示的字符（其中hh是一个十六进制数，范围为00~FF）

图 2.4 转义字符表及对应含义

转义字符\ooo 和\xhh 是 ASCII 码的特殊表示。用八进制或十六进制形式表示字符的 ASCII 码值。如\101 表示八进制数 101，十进制数为 65，对应 ASCII 码表的'A'。

在处理字符数据时，计算机使用数字编码的方式，用特定的整数表示特定的字符。ASCII 编码是最常用的编码，它定义了字符和数字之间的对应关系，本书也使用此编码。

2. 字符数据的存储

在计算机中存储一个字符时，实际上并不是把字符本身放到内存单元中去，而是将字符对应的 ASCII 代码放到存储单元中。图 2.5 显示了字符常量'c'在内存单元中的存储形式，'c'在 ASCII 码表中对应的数字是 99，所以'c'在内存单元中存储的是数字 99 对应的二进制数。

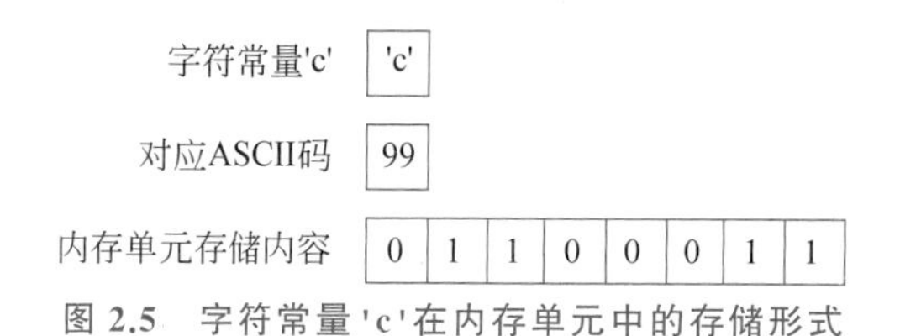

图 2.5 字符常量'c'在内存单元中的存储形式

从字符的存储过程可以看出，字符在内存中的存储形式和整数类型一样，从一定意义上可以把字符看成整数，两者之间可以相互转换。ASCII 字符集的基本集包括 127 个字符，用 7 位二进制数即可表示，因此，C 语言规定，字符数据的存储空间为 1 字节。

3. 字符变量

字符变量的类型说明符是 char，声明变量的方式和整型变量相同。如

```
char gender = 'F';
char grade;
```

C90 标准中，允许在关键字 char 前面使用 signed 或 unsigned。C 语言默认 char 为 signed 类型。事实上，unsigned char 类型当前几乎是不存在的，因为字符的代码不会是负值，字符对应范围也在 0～127 之间。

打印字符时，printf()函数用%c 指明需打印的字符。前面介绍过，字符数据是以整数形式存储的。因此，也可以用%d 打印字符。但如果用%d 转换说明打印字符数据，打印的是一个整数，而%c 转换说明是以字符形式进行打印的。案例 2.3 演示了字符类型的两种打印方式。

案例 2.3

```
#include <stdio.h>
int main()
{
    char c1 = 97, c2;
    c2 = c1 - 32;                                  //大小写转换
    printf("The corresponding integer for %c is %d.\n",c2,c2);

    return 0;
}
```

案例分析：

输出结果为：

```
The corresponding integer for 'A' is 65.
```

在声明中，c1 的整数值为 97，它对应的 ASCII 字符是'a'，c2 和 c1 的 ASCII 码值相差 32，c2 正好对应 c1 的大写字符。使用 printf()函数打印时，%c 表示'A'，%d 表示'A'对应的整数值 65。

2.2.5　浮点型数据

1. 浮点型数据的字面量表示

对于具有小数点的实数字面量（实数常量），C 语言采用浮点型数据（也称为实型数据）表示。在 C 语言中，实型常数通常采用十进制，C99 标准还引入了十六进制字面量的表示方式，但不常见。但有两种形式：十进制数形式和指数形式。

（1）十进制数形式

由数字 0～9 和小数点组成，如 5.8906、.25、7.89、－627.3832。

（2）指数形式

由十进制数、阶码标志 e 或 E 以及阶码组成。其中，阶码只能为整数，但可以带符号。指数形式的一般形式为 aEn，如 3.2E5 表示 3.2×10^5，5.98E-2 表示 $5.98*10^{-2}$。

在 C 语言中，实数是以指数形式存放在存储单元中的。一个实数表示指数有多种形式，如 0.78532 可以表示为 $0.78532X10^0$、$0.078532X10^1$、$7.8532X10^{-1}$等，小数点的位置可以浮动表示同一个值，所以实数的指数形式称为浮点数。

图 2.6 展示了实数 0.00078532 在计算机中的存储形式。实数在存储时分为三部分：数符、小数部分和指数部分。第一部分为数符，表示实数的符号。第二部分存放小数部分。小数部分必须小于 1，同时，小数点后面的第一个数字必须是一个非 0 数字，如不能是 0.078532。第三部分是指数部分，表示 10 的指数次方数。注意：图 2.6 是以十进制数来示意的，实际上在计算机中的小数部分用二进制数来表示，指数部分用 2 的幂次来表示。小数部分和指数部分用多少比特来表示，C 语言并无具体规定。小数部分占的比特数越多，数字的有效数字越多，精度也就越高。

-	.78532	3
数符	小数部分	指数部分

图 2.6　浮点数在计算机中的存储形式

指数部分占的比特数越多，能表示的数值范围就越大。

2. 实型变量

浮点型变量的类型说明符包括三种：float、double 和 long double。声明方式和要求与整型变量一致，如：

```
float price, cost;
double pi = 3.634e-15;
```

C 标准规定，浮点数的格式需要符合 IEEE-754 标准，其中，float 类型能表示 6 位有效数字，且取值范围最小为$\pm 1.1754943 \times 10^{-38}$，最大为$\pm 3.4028234 \times 10^{+38}$。注意：有效数字不仅指小数点后的数字的有效位数，也包括小数点前的数字。如 75.333333 有 6 位有效数字，则有效数字是 75.3333。根据 IEEE 754 标准，系统用 4 字节存储一个 float 数据，其中 8 位用于表示指数的值，1 位用于表示数符，剩下的 23 位用于表示小数部分。

double 和 float 类型的最小取值范围相同，但 double 类型的精度高于 float，double 至少必须能表示 10 位有效数字。double 占用 8 字节。double 的小数位和指数位分别为 52 位和 11 位。从十进制观察，float 大约有 7 位有效数字，double 大约有 16 位有效数字。

注意：与整数运算不同，在整型的运算表达式中，short 会提升为整数运算，而在浮点数运算的表达式中，全部是 float 类型的运算，不会提升为 double 进行运算，这是因为 float 和 double 使用不同的硬件单元进行运算。

long double 的精度可以比 double 类型更高。不过，C 只要保证 long double 类型至少与 double 类型的精度相同。当前编译器中，更高的实现很少见，格式通常有两种，一种是 80 位的 Intel 格式，另一种是 128 位的 IEEE-754 标准。

float、double、long double 均为二进制浮点数，但在商业应用中，其最大的问题是 0.1 元没有一个精确的表示，即 10 个 0.1 元加起来不是 1 元。因此在 C23 标准中引入了可选的十进制浮点数，即_Decimal32、_Decimal64、_Decimal128 类型来弥补该缺陷。

3. 浮点数的精度、上溢、下溢和四舍五入

案例 2.4　二进制精度示例。

```
#include <stdio.h>
int main()
{
    float a, b = 0.1f;
    a = 0.1 + 0.1 + 0.1f + 0.1 + 0.1 +
            0.1 + 0.1 + 0.1 + 0.1 + 0.1;
    printf("a is 1.0? %s\n", a == 1 ? "Yes" : "No");
    a = 0;
    for (int i = 0; i < 10; i++)
        a += b;
    printf("a is 1.0? %s\n", a == 1 ? "Yes" : "No");
    return 0;
}
```

案例分析：

运行结果是：

```
a is 1.0? Yes
a is 1.0? No
```

10 个 0.1 相加是在 double 域运算再转为 float，转换后为 1.0f，如果将 0.1 改为 0.1f，其结果也只是接近 1 而不是 1。a += b 运算 10 次，由于 0.1f 无精确二进制浮点数值，其结果也是接近 1 而不是 1，因此浮点数进行相等比较时通常不会有正确的结果，而应该采用区间比较。

对于十进制数形式，printf()函数使用%f 转换说明来打印，若需打印指数形式的实型数据，用%e 转换说明符。如果系统支持十六进制格式的浮点数，可用 a 和 A 分别代替 e 和 E。打印 long double 类型要使用%Lf、%Le 或%La 转换说明。

浮点数的上溢是指数字过大，超出当前类型能表达的范围。假设编译器的 float 类型的最大值是 3.4E38，则有如下代码：

```
float value = 3.4E38 + 239.76E37f;
printf("%e\n", value);
```

value 会发生上溢。C 语言规定，上溢时会给 value 一个表示无穷大的特定值，printf()显示为 inf 或者 infinity。

浮点数的下溢是指数值过小，在计算过程中损失了原数字的精度。假设把有 4 位有效数字的十进制数 0.1234E-10 除以 10，得到的结果是 0.0123E-10，在计算过程中就发生了下溢，损失了原末尾有效位上的数字。

浮点数的四舍五入处理是指当对一个很大的浮点数和一个很小的浮点数进行运算时，编译器会输出不正确的结果。

案例 2.5

```
#include<stdio.h>
int main()
{
    float value1,value2;

    value1 = 3.5e10 + 10.0;
    value2 = value1 - 3.5e10;
    printf("%f \n", value2);

    return 0;
}
```

案例分析：

在 coliru 在线编译平台(gcc 编译器)的输出结果为：

```
512.000000.
```

得出错误答案的原因是计算机的有效位数是有限的。3.5e10 是 3.5 后面有 9 个 0。如果加上 10.0，那么发生变化的是第 10 位。要正确运算，程序至少要有 11 位有效数字。但 float 类型通常只有 6 或 7 位有效数字。如果把 3.5e10 改成 3.5e6，就会得到正确的计算结果，因为 float 类型的精度足够进行这样的计算。

当前的 CPU 绝大多数采纳 IEEE 754 标准（最新标准为 ISO/IEC/IEEE 60559：2011）处理浮点数，相应的 C 语言编译器也符合 IEEE 754 标准。在 IEEE 754 标准里，有 3 个特殊值：

（1）＋0 和－0，指数为 0 且尾数的小数部分也为 0。

（2）当指数为 2^e－1，且尾数为 0，表示正无穷（＋Inf）和负无穷（－Inf）。

（3）当指数为 2^e－1，且尾数为不为 0，表示不是一个有效浮点数（NaN）。

其中，e 为浮点数指数的位数。有了这些特殊值的定义，浮点数的运算在缺省时不会产生异常而使程序退出，例如 1/0 是在整数域运算，程序会报除零错误而停止运行，但 1.0/0.0 则不会，其结果为＋Inf。同理，如计算反余弦函数 acos(2)，以及 0.0/0.0 等，其结果均为 NaN。

2.2.6 其他数据类型

1. _Bool 类型

_Bool 类型由 C99 标准新增的，表示布尔值，有两种取值，即逻辑值 true 和 false。true 由 1 表示，false 由 0 表示。_Bool 类型实际上也是一种整数类型，但占用 1 字节的存储空间。另外，在 stdbool.h 里，定义了 bool、true、false 三个标识符，其中 bool 被指定为_Bool，在 C23 标准中，bool、true、false 被采纳为关键字，不再需要包含 stdbool.h。

2. 复数和虚数类型

对于数学计算中不可缺少的复数和虚数类型，C99 标准支持复数类型和虚数类型，但有所保留。C11 标准将整个复数软件包都作为可选项。C 语言的 3 种复数类型分别是 float_Complex、double_Complex 和 long double _Complex。每种复数类型都包括实部和虚部两个值。3 种虚数类型分别是 float _Imaginary、double _Imaginary 和 long double _Imaginary。如果将 complex.h 头文件包含在代码中，则可以用 complex 代替_Complex，用 imaginary 代替_Imaginary，还可以用 I 代替－1 的平方根。需要注意的是，gcc 是以内部类型实现的复数和虚数类型，更符合标准，而微软的编译器是以结构实现的，其写法尚不兼容。

3. 常变量

C99 标准增加了常变量的概念，关键字为 const，在 C23 中引入了更严格的关键字 constexpr，如：

```
const int age = 18;                //age 不可再改变,但如果是自动变量,可以用地址修改
constexpr int weight = 180;        //等同常数,不可用变量初始化
```

常变量具有变量的特点，占据存储空间，全局常变量运行中不可改变，用 const 修饰的自动变量和函数参数仅仅用于不可改变的提示。constexpr 修饰的是真正的常量，其可以用于任何使用常数的场合，虽然其也有地址，但在整个程序运行过程中，其值不能改变。

在实际生产中，经常使用 const 修饰不需要改变的变量和参数，从而让编译器检查不当

的修改，这对软件开发的可靠性十分重要。

2.2.7　枚举类型

当变量的取值只有有限种时，可以采用枚举类型(enum)更直观地表示变量。如工作日有周一到周五 5 种取值，月份有一月到十二月 12 种取值：

```
enum weekday {Monday,Tuesday,Wednesday,Thursday,Friday};
enum weekday day = Tuesday;
```

第 1 个声明创建了 weekday 标识符，表明 enum weekday 是创建的一个新类型，花括号枚举了 weekday 所有可能的值，这些符号常量称为枚举符。第 2 个语句声明 day 是 enum weekday 类型的一个变量，day 的取值范围是花括号中的任意一种，如 Monday、Friday 等。

通常情况下，默认第一个枚举符的值为 0，之后每个枚举符的值依次加 1，所以 Monday＝0，Tuesday＝1，…，Friday＝5。但可以修改枚举符的值，如可以定义：

```
enum weekday {Monday,Tuesday=2,Wednesday,Thursday,Friday};
```

重新赋值后，未赋值枚举符的值为前一个已赋值枚举符的值加 1，如 Wednesday 的值为 3。

枚举变量的取值只能是花括号中的一种，所以枚举变量占据存储空间的大小等于枚举符占据存储空间的大小，为 int 类型。

注意：赋值时不能直接将一个整数赋值给枚举类型，需要将整数强制转换为枚举类型才可以，如：

```
enum weekday {Monday,Tuesday,Wednesday,Thursday,Friday};
day=(enum weekday)(3) ;
```

表示 day 的取值为 Thursday。

案例 2.6

```
#include<stdio.h>
int main()
{
    enum weekday {Monday,Tuesday,Wednesday,Thursday,Friday};
    enum weekday day1,day2,day3;

    day1 = Monday;
    day2 = Tuesday;
    day3 = (enum weekday)(3);
    printf("day1 = %d, day2 = %d, day3 = %d\n",day1,day2,day3);

    return 0;
}
```

案例分析：

输出结果为 day1＝0，day2＝1，day3＝3。输出结果说明默认情况下第一个枚举符的值为 0。此外,day3 为强制类型转换的值。

本质上,枚举为整数的可列子集,因此其与整数可以互相赋值。但是在实际应用中,如果定义枚举为数组:

```
enum weekday his[4];
```

其占用的空间为 4 * sizeof(int),进行存储和数据交换显然不合适。在 C23 中,可在任何整型类型之上定义枚举,即任何整型均可定义可列子集。

```
enum weekday:short {....};
```

表示 weekday 的基类型为 short,其变量所占存储空间为 sizeof(short)。这极大地扩展了枚举的应用场合。

2.2.8 使用注意事项

在使用 printf()和 scanf()函数时,格式说明符和后续的参数列表必须一一对应。如 scanf("%d %d", &age,&weight)这种格式中的两个格式说明符%d %d 分别对应 age 和 weight 变量。在编写代码时,程序员要保证转换说明符的数量、类型与后面参数的数量、类型相匹配。参数个数不匹配或参数类型不一致会使结果错误。

案例 2.7

```
#include <stdio.h>
int main()
{
    int x1 = 57;
    int x2 = 90;
    float x3 = 7.890f;
    float x4 = 109.78f;

    printf("%d\n", x1, x2);                    /*参数过多*/
    printf("%d %d\n", x2);                     /*参数过少*/
    printf("%d %d\n", x3, x4);                 /*参数类型不一致*/

    return 0;
}
```

案例分析:

对于前两个 printf()语句,分别存在参数过多和参数过少的问题,第三个 printf()语句将浮点数以 int 格式输出。有的编译器会捕获到这种错误,有的则不会捕获到这种错误,从而产生错误输出。不同编译器会有不同的输出结果。如采用 visual studio2022 编译环境,本例前两个 printf()会报错,但屏蔽前两个 printf()后,第三个 printf()的输出结果为 536870912 −2147483648。

2.3 字符串

字符串是一系列连续的字符的组合，用一维数组的形式存储。但是，C语言数组在传递到函数时自身并不带有数组的长度，如果像数组传递一样使用头指针和长度来处理，显然十分麻烦，里奇在创造C语言时采用了一个简单的处理方法：使用ASCII字符集合里的第一个字符空字符(NUL)，也就是数字0(字符'\0')来表示文字的结束，这样遍历数组只要遇到0即可得知字符串的长度，这样的ASCII编码也叫作ASCIIZ编码，而'\0'也称为字符串结束标志或者字符串结束符，如图2.7所示。

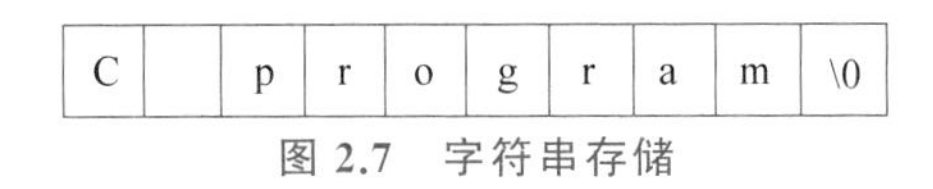

C		p	r	o	g	r	a	m	\0

图2.7　字符串存储

当用字符数组存储字符串时，要特别注意'\0'，要为'\0'留个位置；这意味着，字符数组的长度至少要比字符串的长度大1。尤其是在单独元素赋初值时，要特别注意'\0'的位置。

字符串长度就是指字符串包含多少个字符，不包括最后的结束符'\0'。例如"abc"的长度是3，而不是4。

在C语言中，我们使用string.h头文件中的strlen()函数来求字符串的长度。

案例2.8　字符串定义初始化和测长度。

```
#include <stdio.h>
#include <string.h>                          //strlen()所在的头文件
int main()
{
    char str[] = "www.bigc.edu.cn";
    long len = strlen(str);
    printf("The lenth of the string is %ld.\n", len);
    return 0;
}
```

2.4 格式化输入/输出

C语言中的输入/输出(I/O)通常使用printf()和scanf()这两个函数，在stdio.h头文件中声明。

2.4.1 格式化输出printf()

基本语法：

```
printf(格式控制, 输出列表);
```

printf()函数的格式控制符如表2.3所示。

表 2.3 格式控制符

格式控制符	说　明
%c	读取一个单一的字符
%hd、%d、%ld	读取一个十进制整数，并分别赋值给 short、int、long 类型
%ho、%o、%lo	读取一个八进制整数(可带前缀也可不带)，并分别赋值给 short、int、long 类型
%hx、%x、%lx	读取一个十六进制整数(可带前缀也可不带)，并分别赋值给 short、int、long 类型
%hu、%u、%lu	读取一个无符号整数，并分别赋值给 unsigned short、unsigned int、unsigned long 类型
%f、%lf	读取一个十进制形式的小数，并分别赋值给 float、double 类型
%e、%le	读取一个指数形式的小数，并分别赋值给 float、double 类型
%g、%lg	既可以读取一个十进制形式的小数，也可以读取一个指数形式的小数，并分别赋值给 float、double 类型
%s	读取一个字符串(以空白符为结束)

printf()格式控制符的完整形式如下：

```
%[flag][width][.precision]type
```

“[ ]”表示此处的内容可有可无，是可以省略的。

(1) type 表示输出类型，如 %d、%f、%c、%lf，type 分别对应 d、f、c、lf；再如，%-9d 中的 type 对应 d。type 这一项必须有，这意味着输出时必须知道是什么类型。

(2) width 表示最小输出宽度，也就是至少占用几字符的位置；例如，%-9d 中的 width 对应 9，表示输出结果最少占用 9 字符的宽度。当输出结果的宽度不足 width 时，以空格补齐(如果没有指定对齐方式，默认会在左边补齐空格)；当输出结果的宽度超过 width 时，width 不再起作用，按照数据本身的宽度来输出。

(3) precision 表示输出精度，也就是小数的位数。

当小数部分的位数大于 precision 时，会按照四舍五入的原则丢掉多余的数字；

当小数部分的位数小于 precision 时，会在后面补 0。

另外，precision 也可以用于整数和字符串，但是功能却是相反的：

用于整数时，precision 表示最小输出宽度。与 width 不同的是，整数的宽度不足时会在左边补 0，而不是补空格。

用于字符串时，precision 表示最大输出宽度，或者说截取字符串。当字符串的长度大于 precision 时，会截掉多余的字符；当字符串的长度小于 precision 时，precision 就不再起作用了。

案例 2.9 printf()函数输出。

```
#include <stdio.h>
int main() {
```

```
    int a1 = 20, a2 = 345, a3 = 700, a4 = 22;
    int b1 = 56720, b2 = 9999, b3 = 20098, b4 = 2;
    printf("%-9d %-9d %-9d %-9d\n", a1, a2, a3, a4);
    printf("%-9d %-9d %-9d %-9d\n", b1, b2, b3, b4);
    printf("%9d %9d %9d %9d\n", b1, b2, b3, b4);
    printf("=============\n");
    int n = 123456;
    double f = 882.923672;
    printf("n: %.9d  %.4d\n", n, n);
    printf("f: %.2lf  %.4lf  %.10lf\n", f, f, f);
    return 0;
}
```

案例分析：

在%-9d中，d表示以十进制输出，9表示最少占9字符的宽度，宽度不足以空格补齐，"-"表示左对齐。如果没有指定对齐方式，默认会在左边补齐空格。

对输出结果的说明如下。

对于n，precision表示最小输出宽度。n本身的宽度为6，当precision为9时，大于6，要在n的前面补3个0；当precision为4时，小于6，不再起作用。

对于f，precision表示输出精度。f的小数部分有6位数字，当precision为2或者4时，都小于6，要按照四舍五入的原则截断小数；当precision为10时，大于6，要在小数的后面补4个0。

flag是标志字符。例如，%#x中的flag对应"#"，%-9d中的flags对应"-"。表2.4列出了printf()可以使用的flag。

表2.4　flag标志字符

标志字符	含　义
-	表示左对齐。如果没有，按照默认的对齐方式，默认一般为右对齐。
+	用于整数或者小数，表示输出符号(正负号)。如果没有，那么只有负数才会输出符号
空格	用于整数或者小数，输出值为正时冠以空格，为负时冠以负号
#	对于八进制和十六进制整数，表示在输出时添加前缀 对于小数，表示强迫输出小数点。如果没有小数部分，默认不输出小数点，加上"#"以后，即使没有小数部分，也会带上小数点

案例2.10　printf()函数输出flag。

```
#include <stdio.h>
int main() {
    int m = 192, n = -943;
    float f = 84.342;
    printf("m=%10d, m=%-10d\n", m, m);         //演示 - 的用法
    printf("m=%+d, n=%+d\n", m, n);            //演示 + 的用法
    printf("m=% d, n=% d\n", m, n);            //演示空格的用法
```

```
    printf("f=%.0f, f=%#.0f\n", f, f);          //演示#的用法
    return 0;
}
```

案例分析：

对输出结果的说明如下。

当以%10d 输出 m 时，是右对齐的，所以在 192 前面补 7 个空格；当以%-10d 输出 m 时，是左对齐的，所以在 192 后面补 7 个空格。

m 是正数，以%+d 输出时要带上正号；n 是负数，以%+d 输出时要带上负号。

m 是正数，以% d 输出时要在前面加空格；n 是负数，以% d 输出时要在前面加负号。

%.0f 表示保留 0 位小数，也就是只输出整数部分，不输出小数部分。默认情况下，这种输出形式是不带小数点的，但是如果有了"#"标志，那么就要在整数的后面"硬加上"一个小数点，以和纯整数区分开。

2.4.2 格式化输入 scanf()

scanf()函数用于从标准输入(键盘)读取并格式化。printf() 函数发送格式化输出到标准输出(屏幕)。

scanf()函数基本语法：

```
scanf(格式控制, 地址列表);
```

scanf()函数的格式控制符如表 2.4 所示。

案例 2.11　scanf()函数格式输入。

```
#include <stdio.h>
int main() {
    char letter;
    int age;
    char url[30];
    float price;
    scanf("%c", &letter);
    scanf("%d", &age);
    scanf("%s", url);                        //可以加 & 也可以不加 &
    scanf("%f", &price);
    printf("字符 letter = %c。\n", letter);
    printf("整数 c = %d,url = %s,小数 price = %g。\n", age, url, price);
    return 0;
}
```

案例分析：

scanf()通过格式控制符%s 输入字符串。除了字符串，scanf() 还能输入其他类型的数据。scanf() 读取字符串时以空格为分隔，遇到空格就认为当前字符串结束了，所以无法读取含有空格的字符串。

2.5　本章小结

C 语言定义了多种数据类型，包括基本类型、枚举类型、构造类型、空类型和指针类型。本章讲解基本类型和枚举类型。基本类型包括整数类型、字符类型和浮点数类型(也叫作实型)，字符类型可以看作整数类型。整数类型包括 short、int、long 和 long long 类型，不同的类型占据的存储空间不同，可以使用 sizeof()查看自己使用的编译器为各种类型分配的存储空间。上述整数类型默认为有符号类型 signed，在整数类型前加上 unsigned 关键字可以定义无符号类型，如 unsigned short。无符号类型只存储正整数，而 signed 类型存储正整数和负整数。整数可以用十进制、八进制或十六进制表示。八进制数采用 0 作为前缀，十六进制数采用 0x 或 0X 作为前缀。例如，0x39EA、076、2890 分别为十六进制、八进制和十进制数。l 或 L 前缀代表 long 类型，ll 或 LL 前缀代表 long long 类型。

字符类型关键字为 char，默认为 signed char，unsigned char 类型几乎没人使用。_Bool 类型是一种无符号类型，有 0 或 1 两个取值，分别代表 false 和 true。

浮点类型包括 3 种：float、double 和 long double。后面的类型占据的存储空间应大于或等于前面的类型。有些编译器支持复数类型和虚数类型，关键字分别是_Complex 和_Imaginary，如 double _Complex 类型表示复数类型的实部和虚部均为 double 类型。

字符串是一系列连续字符的组合，用一维数组的形式存储。在 C 语言中，字符串是以空字符(ASCII 码值是 0)结尾的一系列字符。

printf()和 scanf()函数为输入和输出提供多种支持。两个函数都使用格式化字符串，其中包含的转换说明表明待读取或待打印数据项的数量和类型。另外，可以使用转换说明控制输出的外观，如字段宽度、小数位和字段内的布局等。

2.6　课后习题

1. int 类型变量的长度是多少？什么情况下要用 long 类型代替 int 类型的变量？

2. char 类型是 signed 类型还是 unsigned 类型？char 类型变量可以看作整型变量吗？

3. 用 scanf()函数输入数据，使 a =109, b =9065, x =3088.5, y =6541.82，c1＝' A '，c2＝' a '，在键盘上应如何输入？

```
#include < stdio .h.>
int main ()
{ int a,b;
  flont x,y;
  char c1,c2;
  scanf( "a =%db =%d" , & a ,& b );
  scanf ("%f%e", &x, &y);
  scanf ("%c,%c", &c1, &c2);
  scanf ("%c%c", &c1, &c2);
  return  0;
}
```

4. 输入一个整数，分别用无符号方式、八进制方式、十六进制方式输出。

5. 输入一个 float 实数，分别用十进制形式、指数形式、long double 形式输出。

6. 编程实现输入一个字符，输出这个字符的 ASCII 码。

7. 编程实现读入小写字母，输出对应的大写字母。

8. 编程实现输入直角三角形的斜边长度和一个锐角角度，输出其面积。

9. 编写一个程序，提示用户输入自己的姓名。一行打印用户输入的姓名，下一行分别打印姓和名的字母数量。字母数量要与相应名和姓的结尾对齐，如下所示：

```
Zhang San
    5   3
```

接下来，再打印相同的信息，但是字母个数与相应姓和名的开头对齐，如下所示：

```
Zhang San
5     3
```

10. 编写一个程序，将一个 double 类型的变量设置为 1.0/3.0，一个 float 类型的变量设置为 1.0/3.0。分别显示两次计算的结果各 3 次：一次显示小数点后面的 6 位数字；一次显示小数点后面的 12 位数字；一次显示小数点后面的 16 位数字。

第3章 运算符、表达式和语句

3.1 本章内容与要求

本章介绍以下内容：

- C语言运算符：算术运算符、逻辑运算符、关系运算符、自增自减运算、位运算符等。
- 表达式和语句。
- 整数运算的溢出。

本章首先介绍C语言中的运算符，然后介绍表达式的组成，以及C语言语句的使用方法，最后对整数运算的溢出进行讨论。

3.2 C语言运算符

第2章中，我们学会了如何表示数据，这一章开始学习如何利用数据进行运算。对数据进行运算需要各种运算符，表3.1列出了C语言中的运算符，有算术运算符、逻辑运算符、关系运算符、自增自减运算符等。

表3.1 C语言运算符

<table>
<tr><th>运算符种类</th><th>运　算　符</th></tr>
<tr><td>算术运算符</td><td>+、-、*、/、%</td></tr>
<tr><td>自增自减运算符</td><td>++、--</td></tr>
<tr><td>关系运算符</td><td>>、<、==、>=、<=、!=</td></tr>
<tr><td>逻辑运算符</td><td>!、&&、II</td></tr>
<tr><td>位运算符</td><td><<、>>、-、|、^、&</td></tr>
<tr><td>赋值运算符</td><td>=及其扩展赋值运算符</td></tr>
<tr><td>条件运算符</td><td>?:</td></tr>
<tr><td>逗号运算符</td><td>,</td></tr>
<tr><td>指针运算符</td><td>*、&</td></tr>
<tr><td>对齐处理操作符</td><td>sizeof、Alignof()(C11标准)</td></tr>
</table>

续表

运算符种类	运　算　符
强制类型转换运算符	(类型)
分量运算符	·,->
下标运算符	[]
获取表达式类型运算符	typeof 运算符(C 标准) int x = 10; typeof(x) y =20;
其他	如函数调用运算符()

如表 3.1 所示,C 语言的运算符种类丰富,按运算对象的数目可分为单目(一元)、双目(二元)和三目(三元)运算符;按运算符的功能分为算术运算符、关系运算符、逻辑运算符、自增和自减运算符、位运算符、赋值运算符和条件运算符。另外还有数组的[]、函数词用()、逗号运算符和强制类型转换运算符等。

3.2.1　算术运算符

表 3.2 列出了 C 语言算术运算符的种类和用法。其中,"-"运算符有两种含义,一是求负值,二是减法运算符求差。作为负号运算符时,是一元运算符,如-109;作为减号运算符时,是二元运算符,如 3456-x。在算术运算符中,除了求负值运算符是一元运算符外,其余均为二元运算符。算术运算符的运算对象可以是常量,也可以是变量或函数。

表 3.2　算术运算符种类及用法

运算符	名称	代数表达式	C 语言表达式	运算功能	适用数据类型
-	负号	-x	-x	求负值	整型,实型,字符型
+	加	x+y	x+y	求和	整型,实型,字符型
-	减	x-y	x-y	求差	整型,实型,字符型
*	乘	xy	x * y	求积	整型,实型,字符型
/	除	x/y	x/y	求商	整型,实型,字符型
%	求余	x mod y	x%y	求余数	整型,字符型

1. 算术运算符注意事项

(1) 使用除号运算符"/"时,若浮点数相除(任意位浮点数),结果为浮点数,如

```
six =  24.0f / 4.0f;
size = 24.0f / 4;
```

若两个整数相除,结果为整数,如 5/3。对于有符号整数除法,C99 规定采取"向零取整"的方法,例如 5/3 结果为 1,取整时向 0 靠拢。若除数和被除数有一个为负数,C99 规定趋零截断,余数与被除数符号一致。例如 5/-3,C99 结果为-1。

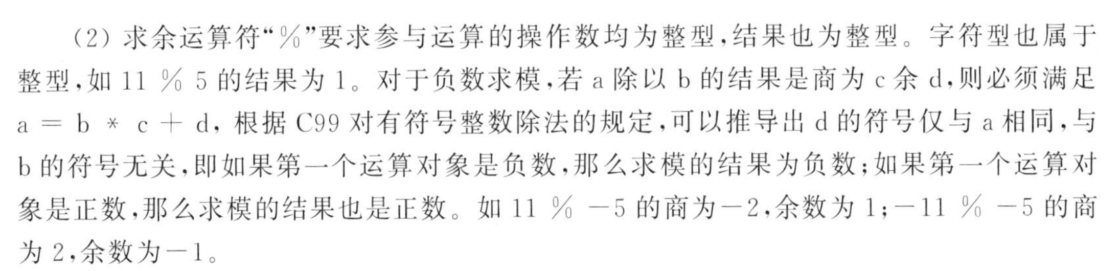

(2) 求余运算符“%”要求参与运算的操作数均为整型,结果也为整型。字符型也属于整型,如 11 % 5 的结果为 1。对于负数求模,若 a 除以 b 的结果是商为 c 余 d,则必须满足 a = b * c + d,根据 C99 对有符号整数除法的规定,可以推导出 d 的符号仅与 a 相同,与 b 的符号无关,即如果第一个运算对象是负数,那么求模的结果为负数;如果第一个运算对象是正数,那么求模的结果也是正数。如 11 % −5 的商为−2,余数为 1;−11 % −5 的商为 2,余数为−1。

2. 算术表达式

用算术运算符、圆括号将运算对象连接起来的符合 C 语法规则的式子称为算术表达式。例如:

```
x / z * y  -20.7 +'a';
```

算术表达式的书写形式与数学表达式的书写形式不同。

(1) C 语言中算术表达式的乘号不能省略。例如:数学式 b^2-4ac 相应的 C 语言表达式应写成

```
b * b -4* a * c。
```

(2) 算术表达式中只能使用系统允许的标识符。如数学公式 πr^2 对应的 C 语言表达式应为

```
3.1415926*r* r。
```

(3) C 语言中算术表达式不允许使用方括号和花括号,只允许使用圆括号。左右括号必须配对,运算时从内层圆括号开始,由内向外依次计算表达式的值。

3. 运算符的优先级、结合律

C 语言规定了表达式求值过程中各运算符的优先级和结合性。

优先级是指当一个表达式中有多个运算符时,某些运算符先于其他运算符被执行。图 3.1 列出了各种运算符的优先级。在算术运算符中,“-”运算符优先级最高,“ * ”和“/”运算符的优先级高于“+”和“-”运算符,这与数学公式一致。

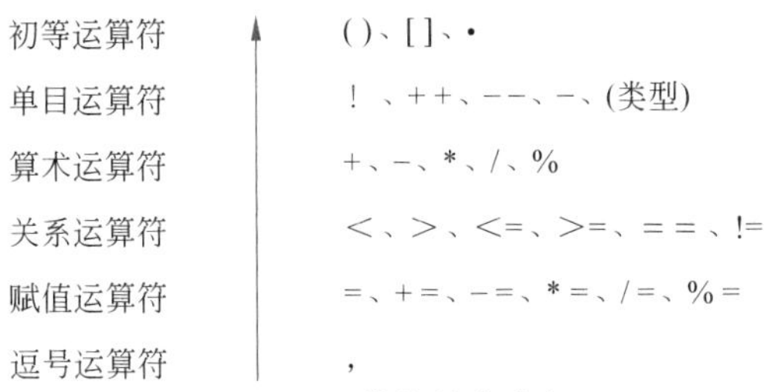

图 3.1　运算符的优先级

结合性是指当一个运算对象两侧的运算符优先级相同时,应按规定的结合方向进行运算。右结合律是指按从右向左的顺序运算;左结合律是指按从左向右的顺序运算。表 3.3 给出了算术运算符的结合律。例如 x * y/z,由于“ * ”运算符为左结合律,所以 y 先与 x 结

合,先计算 x * y,然后再进行/z 的计算。

表 3.3 算术运算符的结合律

运 算 符	结 合 律
()	从左往右
+ -(一元)	从右往左
* /	从左往右
+ -(二元)	从左往右
=	从右往左

运算符优先级不需要记忆,例如“*/”比“+-”优先级高,“&”比“|”优先级高都是常识,通过“()”运算符明确表示优先级是良好的习惯,可增加程序的可读性。

3.2.2 赋值运算符

1. 赋值运算符和左值、右值

C 语言中,“=”与数学中的含义不一样,它表示赋值运算符,作用是把等号右边的值赋给等号左边的变量,如 y=3567。C 标准中,用于存储值的数据存储区域统称为数据对象。左值是 C 语言的专业术语,可以标识特定数据对象的名称或表达式,是用于标识或定位存储位置的标签。

对于早期的 C 标准,左值有两层含义:

(1) 它指定一个对象,可以引用内存中的地址;

(2) 用在赋值运算符的左侧。

但 C90 标准新增了 const 限定符,表示创建的变量不可修改。因此,const 标识符满足上面的第 1 项,但是不满足第 2 项。const 创建的左值不能用于赋值运算符的左侧,为此,C 标准新增了“可修改的左值”术语,用于标识可修改的对象。所以,在新的标准中,赋值运算符的左侧应该是可修改的左值。右值指的是能赋值给可修改左值的量,且本身不是左值。如:

```
int y = 3567;
```

y 是可修改的左值,3567 是右值。右值可以是常量、变量或其他可求值的表达式。

如果赋值运算符左右两边的数据类型不一致,则把右边表达式值的类型按左边变量的类型进行转换,然后再赋值。表 3.4 列出了赋值运算符的类型转换规则。

表 3.4 赋值运算符的类型转换规则

左	右	转 换 说 明
float	int	将 int 型转换为 float 型后再赋值,由于 float 的精度位只有 23 位二进制,因此会有精度损失
int	float	将浮点数整数部分赋给整数变量,采用向零取整的原则。如果超出整数范围,则结果不确定

续表

左	右	转换说明
float	double	只保留浮点数表示的有效数字，将双精度转换为单精度后再存储。超出float范围，其值为+inf或−inf
long int	int、short	数值不变
int、short	long int	当超出时，将长整截断，只对低位有效位数赋值
int	char	将char型单字节整数的赋给整型变量。注意，不同的系统中，char可能是有符号类型或无符号类型
char、short	int	超出范围时，将整数截断，低位有效位赋值给char或short
unsigned	signed	二进制内容完全相同，根据类型表示为有符号整数或无符号整数
signed	unsigned	

类型转换规则分为整数间类型转换、整数和浮点数转换，以及浮点数间类型转换。

（1）整数间类型转换。

无符号数的转换规则为简单复制和截断，当短整数向长整数转换时，高位填0，低位复制。当长整数向短整数转换时，只复制相当于短整数的低位字节，即截断。

对于源为有符号数的转换，目标无论是有符号数还是无符号数，当短整数向长整数转换时，高位根据符号位填0（正数）或1（负数），低位复制。当长整数向短整数复制时，只复制相当于短整数的低位字节，即截断。

（2）整数和浮点数转换。

整数向浮点数转换时，若浮点数精度不足表示整数，则截断，否则进行等同格式转换。例如，整数向浮点数转换，超出2^23的整数精度会降低，但转换为双精浮点数时，则只是格式转换，所有32位整数均可由双精准确表示，转换回整数后完全相等。

浮点数向整数转换时，若浮点数在整数表示范围内，则去除其小数位，保留整数位。若超出整数范围，则结果不确定。例如无符号整数最大为42亿，取5e9转换位整数，其结果在不同的CPU上不同，而且转换为有符号整数和无符号整数也不同，转换为short和char的结果又不同。因此，不能认为5e9转成整数应该是整数的最大值2147483647，虽然Arm的CPU是这样，但Intel的CPU不是这样的。

（3）浮点数间类型转换。

由于浮点数定义了3个特殊值，即+inf、−inf、NaN，因此浮点间的转换仅仅在于精度的取舍。

类型转换中产生的bug是一种很难筛查的类型，要避免超界转换或丢失精度的转换。例如大类型向小类型的截断转换：

```
int i =  345;
char ch = 'c';
ch= i + 1;
```

在第3句赋值语句中，相当于把345的最低字节赋值给ch，计算可得ch对应的ASCII码值为90。如果将ch用printf（“%c”，ch）打印出来，则显示结果为'Z'，这通常不是我们想要的结果。

2. 赋值表达式

由赋值运算符、圆括号将运算对象连接起来的符合 C 语法规则的式子称为赋值表达式。赋值运算符左边必须是变量名，右边可以是常量、变量、表达式或函数调用语句，如“y = 103 * x;”“y = max(a,b);”都是正确的赋值表达式。

赋值表达式的运算顺序是从右向左。在一个赋值表达式中，可以出现多个赋值运算符，如“a = b = c = 10;”。运算时，先将 10 赋值给变量 c，再将 c 的值赋值给 b，最后将 b 的值赋值给 a。

3. 复合赋值运算符

在赋值运算符的前面加上其他运算符，可以构成复合赋值运算符，如：

```
int  i = 3;
i *=6;                                    //相当于 i = i * 6
```

也可以将赋值运算符与其他基本运算符结合，构成新的复合赋值运算符，后续章节中可以看到。使用复合运算符可以简化程序，使程序更加简洁精练。

3.2.3 自增自减运算符

本节将介绍自增运算符“++”和自减运算符“--”。“++”运算符的作用是使变量值加 1，相反，“--”运算符的作用是使变量值减 1。自增自减运算符的作用和结合性如图 3.2 所示，i++或++i 相当于 i = i + 1。注意：自增自减运算符只能用于变量，不能用于常量和表达式，如 6++是错误的用法。

运算符	例子	等价于	结合性
++	i++ 或++i	i=i+1	自右到左
--	i--或--i	i=i-1	自右到左

图 3.2 自增自减运算符的作用和结合性

“++”或“--”用在变量前面的形式称为前置运算或前缀形式，如++i。“++”或“--”用在变量后面的形式称为后置运算或后缀形式，如 i--。虽然前置运算和后置运算都相当于自增或自减 1，但当将自增自减运算符用于表达式或语句时结果不同。前缀模式表示自增或自减发生在语句之前，即分号之前，相当于先使变量值加 1 或减 1，再使用变量。后缀模式表示自增或自减发生在语句之后，即分号之后，相当于先使用变量，再使变量值加 1 或减 1。

案例 3.1 自增自减运算符。

```
#include <stdio.h>
int main()
{
    int x = 2, y = 3;
    int x_post, pre_y;

    x_post = x--;                         //后缀模式
    pre_y = ++y;                          //前缀模式
```

```
    printf("x=%d, x_post=%d, y=%d pre_y=%d.\n", x, x_post, y, pre_y);

    return 0;
}
```

案例分析：

代码的输出结果为：

```
x=1, x_post=2, y=4 pre_y=4.
```

从结果可以看出，x 和 y 分别自减和自增了 1，“x_post = x−−；”的意思是先将 x 的值赋值给 x_post，x 再自减 1，“pre_y = ++y；”的意思是先将 y 自增 1，然后再将 y 的值赋值给 pre_y。

自增自减运算符常用于下一章将介绍的循环语句中，可以使循环变量自增或自减 1，也常和后面介绍的指针变量连用，使指针指向下一个或上一个地址。

不要将自增或自减运算符用于容易引起歧义的语句，如

```
i=1; a = (i++)+(i++)+(i++) ;
```

对于上述语句，不同的编译环境所得的结果可能不同，因此尽量不要编写这样的语句。

3.2.4 位运算符

C 语言支持全部的位运算符。位操作用于对字节或字中的位(bit)进行测试、置位或移位处理。常见的位运算包括位与(&)、位或(|)、位异或(^)、位取反(~)、左移(<<)、右移(>>)，如表 3.5 所示。

表 3.5 位运算符

操 作 符	含 义	操 作 符	含 义
&	与(AND)	~	1 的补(NOT)
|	或(OR)	>>	右移
^	异或(XOR)	<<	左移

(1) 位与运算：两个位都是 1，结果为 1，否则为 0。

```
int a = 3;                       //0000 0011
int b = 5;                       //0000 0101
int c = a & b;                   //0000 0001
```

(2) 位或运算：只要有一个位是 1，结果为 1。

```
int a = 3;                       //0000 0011
int b = 5;                       //0000 0101
int c = a | b;                   //0000 0111
```

(3) 位异或运算：两个位相同为0，相异为1。

```
int a = 3;                                          //0000 0011
int b = 5;                                          //0000 0101
int c = a ^ b;                                      //0000 0110
```

(4) 位取反运算：把所有位取反。

```
int a = 3;                                          //0000 0011
int b = ~a;                                         //1111 1100
```

(5) 左移运算：把二进制数向左移指定位数，右边补0。

```
int a = 3;                                          //0000 0011
int b = a << 2;                                     //0000 1100
```

左移运算符(<<)将一个数的各二进制位全部左移指定的位数，左边的二进制位丢弃，右边补0。在没有溢出的情况下，数据每向左移动一位，相当于原数据乘以2。

(6) 右移运算：把二进制数向右移指定位数。对于无符号数，其左边补0。对于有符号数，C语言标准里的说明为其结果不定，但绝大多数CPU是按照算数右移规则实现的，即负数时补1，正数时补0。

```
int a = 3;                                          //0000 0011
int b = a >> 2;                                     //0000 0000
```

位运算指令由于其运算硬件简单，通常具有很高的执行效率。但移位指令有时经常被初学者滥用，比如将x/8书写为x >> 3，认为这样写会比较快而放弃更易懂的x/8的写法。事实上，移位和除法并不等价，例如负数的右移，在算术右移的情况下，x >> n相当于(x - 1) / 2 ^ n。认为CPU处理移位一定比处理乘除运算快也是一种误解，尽管多数情况下如此。几乎所有的C语言编译器对于2^n的常数运算都会进行针对性优化，不仅仅是整数，浮点数也一样，通常，这种指令集的优化并不需要程序员去操心。例如以下代码：

```
#include <stdio.h>
int test_shift(int x)
{
    return x << 3;
}
int test_div(int x)
{
    return x * 8;
}
```

我们使用gcc -O2 -S选项的优化编译成Intel汇编程序的结果为：

```
    ...
test_shift:
```

```
        .seh_endprologue
        leal 0(,%rcx,8), %eax                       //注意,shift 用 leal 指令代替
        ret
        …
    test_div:
        .seh_endprologue
        leal 0(,%rcx,8), %eax                       //x/8 同样用 leal 指令代替
        ret
```

你会发现,test_shift 函数和 test_div 函数的编译结果是完全相同的,并且都是使用了 GCC 特别偏爱的 leal 指令(加载有效地址指令)实现的乘法,既不是移位也不是乘法指令,以期达到最快的执行效率。因此,不需要使用这些特别的写法以期提高效率,最清晰的写法才是最好的。

左右移的第二参数的超界运算结果在标准里同样没有明确的规定。通常在 CPU 的设计里,为了节省硬件电路,其有效值的范围等同第一参数的位数,如 32 位整数,其有效值范围为 5 位,即 0~31,64 位整数有效值的范围为 6 位,即 0~63,当超过有效值时会回绕,例如 a>>32 等同 a>>0,a>>33 等同 a>>1。但也有例外,例如原生的 Arm CPU,其第二参数有效位数为 8 位,a>>32 到 a>>255 的值都是 0,而 a>>256 等同 a>>0,这个规律与编译器常数的移位运算通常一致。

3.2.5　类型转换

在计算机 CPU 运算单元的结构里,计算单元包括整数运算单元、浮点数运算单元、向量运算单元。其中必有的是整数运算单元,通用处理器通常含有浮点运算单元,否则浮点数需要使用软件运算,即通过整数的方法运算。向量单元可以一条指令处理多个数据以加快运算速度,例如 Intel CPU 里的 SIMD/AVX 指令集,Arm CPU 里的 Neon 指令集等。这些运算指令一般只有单目和两目运算指令,极少为了加速而有三目运算符(例如浮点数的乘积累加 FMA 指令,如计算 a * b+c,但与分步运算的精度有区别),因此可以认为运算是单步顺序进行的,a * b+c 先运算 a * b,其结果再与 c 相加。除了移位指令(对应“<<”和“>>”运算符),运算单元要求操作数的类型必须相同。对于通用 CPU,整数运算单元通常包括一个 32 位整数运算单元,对于 64 位 CPU,还包括 64 位整数运算单元,但并不存在单独的 short 类型的整数运算单元,尽管向量指令可以处理 short。浮点数运算单元也是一样,只能进行浮点数和浮点数运算及双精和双精运算。

根据 CPU 的工作原理,当程序中遇到不同类型的数据进行运算时,需要进行类型转换。有些类型转换是隐形的,系统会自动转换,有些是程序员强制进行的类型转换,转换也是一种运算,其规则同赋值转换运算规则。以下几种情况需要用到类型转换。

(1) 双目运算符的两个运算对象类型不同时,会发生类型转换。

(2) 赋值运算符两边的运算对象类型不同时,会发生赋值类型转换,可能会遇到数据的截断操作,需要特别注意,具体转换过程见 3.2.2 节。

(3) 当运算对象被强制转换成其他类型时,会发生强制类型转换。

(4) 函数调用过程中实参为形参赋值时,会发生函数调用转换。

第(1)、(2)、(4)类型转换为系统自动转换,(3)为强制类型转换。

1）基本类型转换规则

(1) 当需要类型转换时，无论是有符号类型还是无符号类型，字符类型和 short 类型都会被自动转换成 int。由小类型升级为大类型称为“升级”，升级不会改变原始数据的值。

(2) 类型的级别从低到高的顺序是：

```
char/short->int-> unsigned int-> long->unsigned long ->long long->unsigned
long long->float -> double ->long double
```

当程序包含两种数据类型的运算时，两个值都被转换成两种类型中级别较高的类型。注意，这个过程中，若转为无符号数，其结果通常不是我们想要的。

(3) 当函数形参和实参之间进行参数传递时，char 和 short 会自动转成 int，float 会转成 double，可通过函数原型来防止升级。

案例 3.2

```
#include <stdio.h>
int main()
{

    char ch = 'M';
    int i = 7;
    float x = 8.976;
    ch++;                                                   //第 8 行
    i = x + 2 * ch;                                         //第 9 行
    x = 2.0 * ch + i;                                       //第 10 行
    printf("ch = %c, i = %d, x = %2.2f\n", ch, i, x);       //第 11 行

    return 0;
}
```

案例分析：

代码的输出结果为：

```
ch = N, i = 164, x = 320.00
```

程序第 8 行中，ch 先被转换为 int 类型，加 1 之后再转换为 char 类型，这是因为整数运算是 CPU 的最低整数运算类型。第 9 行中，ch 先被转换成 int 类型，与 2 相乘得到的乘积转换成 float 类型，与 float 类型的 x 相加后再截断成 int 类型赋给变量 i。第 10 行中，ch 先被转换成 double 类型，否则无法与浮点数 2.0 运算，与 2.0 相乘得到的乘积的结果也是 double 类型，再将 i 转换成 double 类型进行相加运算，最后转换为 float 类型赋给变量 x。

2）强制类型转换

当需要进行精确的类型转换时，可以使用强制类型转换运算符，将一个变量、常量或表达式转换成需要的类型。强制类型转换的形式是：

```
(需转换类型)需转换的量
```

假设 sum 为 float 类型，若有表达式“(int)3.8 ＋ (int) sum;”，则将 3.8 和变量 sum 强制转换为 int 类型。注意：虽然在上述表达式中 sum 被转换成了 int 类型，但 sum 本身还是 float 类型，类型不会发生变化。

3.3　表达式和语句

1. 表达式

表达式是由运算符、运算对象组成的符合 C 语言语法规则的式子。其中，运算对象可以是常量、变量或二者的组合。3.2 节讲述的算术表达式和赋值表达式是表达式中的两种。表达式示例如下：

```
89
76 - x * y
z = ++x % y
```

每个表达式都有一个值，称为表达式的值。表达式值的求取过程需要遵循运算符的优先级和结合律。假设 x 值为 3，y 的值为 5，则表达式 76 － x ＊ y 的值为 61。

2. 语句

语句是 C 程序的基本单位。一条语句相当于一条完整的计算机指令。分号是语句中不可缺少的组成部分，C 把结尾加上分号的表达式都看作语句。“z＝ ＋＋x ％ y”与“z＝ ＋＋x ％ y;”的区别在于前者是表达式，后者是语句。最常见的语句是表达式语句，最简单的语句是空语句，即语句只由一个分号组成。

虽然一条语句相当于一条完整的指令，但并不是所有的指令都是语句。例如：

```
sum = 6 + (y = 5 * price );
```

子表达式 y ＝ 5 ＊ price 是一条完整的指令，但是它只是语句的一部分，不能称为语句。C 语句还包括控制语句、函数调用语句和复合语句。

(1) 控制语句

C 语言包括 9 种控制语句，分别是：

if()...else...(条件语句)

for ()…(循环语句)

while()...(循环语句)

do … while ()(循环语句)

continue(结束本次循环语句)

break(中止执行 switch 或循环语句)

switch(多分支选择语句)

return(从函数返回语句)

goto(转向语句，在结构化程序中基本不用 goto 语句)

在上面 9 种语句中，“()”表示括号中是一个判别条件，“…”表示内嵌的语句。例如上面的“while()…”的具体语句可以写成

```
while( getchar(ch)!='|' ) ch=ch+10 ;
```

其中,“getchar(ch)!='|'”是一个判别条件,“ch=ch+10;”是C语句,内嵌在while语句中。这个例子是下一章中要介绍的循环语句。while语句是一种迭代语句,只要小括号中的测试条件为真,就重复执行循环体中的语句。getchar()从键盘中获取字符,此处的while()循环表示只要接收到的字符不是“|”,就不结束循环。每次循环中将接收到的字符加10。

(2) 函数调用语句

函数调用语句由一个函数调用加一个分号构成,例如常见的printf()函数为

```
printf (" C is Cool !");
```

其中,printf()是一个函数调用,加一个分号表示这是一个函数调用语句。

(3) 复合语句

复合语句也称为语句块,包括多条语句,用“{ }”括起来。如:

```
while( getchar(ch)!='|' )
{
    ch=ch+10;
    count ++;
}
```

“{ }”是复合语句,包括两个语句“ch=ch+10 ;”和“count ++;”,只要从键盘接收的字符不是“|”,就会循环执行“{}”中的语句,即每次循环将接收到的字符加10,并且将count变量的值自增1。

3.4 整数运算的溢出

计算机中的整数和浮点数与数学中整数和实数最大的区别是:

(1) 计算机中的整数是有限长度的,数学的整数是无限的;

(2) 计算机中的浮点数是有限精度的,数学中的精度是无限的。

例如,人类还一直在提高圆周率的精度,2024年3月14日,这个值已经达到了105万亿位,耗费900GB的存储。

C语言中,整数分为有符号数和无符号数。当运算超界后,无符号数会回绕。例如unsigned short类型有16位,最大整数为65535,而65535+1的结果去除溢出的高位,其值为0。这在C语言的标准里是明确的。但对于有符号数,在近代计算机中均以补码方式表示,例如short类型,最大的整数位为32767,如果32767+1,则结果为-32768,通常这个结果没什么问题,但C语言标准上声明这个结果是未定义的。

事实上,整数运算的溢出造成的缺陷也是工程中比较令人头疼的问题,它不会终止运行,而是沿着错误的方向运行,造成的结果很可能是灾难性的。例如1996年6月4日星期二,经过10年精心设计、测试的阿丽亚娜(Ariane)5型火箭升空,但40秒后,阿丽亚娜501号在空中爆炸。调查结果是,传输时速度采用了16位整数,这在4型火箭上没有问题,但5

型火箭太快了，整数溢出后，其速度为负，计算机为了人类的安全而引爆了它！还有我们熟悉的千年虫问题，不仅仅是2000年年份的2位十进制数那么简单，UNIX的时间是以1970年1月1日0时开始计时的，单位为秒，当时用的是32位整数，则2038年1月19日3点14分7秒的下一秒后会溢出，尽管做了很多处理，仍不敢保证这一刻不出问题。

合理选择整数的类型十分重要，有时仅靠感觉是不行的。例如谷歌的Youtube，一开始使用32位整数，人类人口才80亿，整数能表达21亿，应该够了。然而，鸟叔的《江南Style》却达到了43亿次的点击，于是改为了64位。这样一来，只要人类还在太阳系，人口再怎么爆炸都是够的。

对于C语言的编译器实现，整数的溢出结果不确定，可能是补码环绕，可能终止运行，可能被程序优化而形成未知结果。

(1) 这里，并非所有结果都可能是未知结果，相反，补码环绕是标准实现。例如，32位整数的情况下，2147483647 + 1 = -2147483648，大量程序实现依赖补码环绕，例如加解密算法的标准库函数实现(如rand)，如果正常的算术运算会终止运行，现在的软件生态圈将不复存在。

(2) 终止运行的情况来源于当初i386的idivl指令的实现有一个缺陷，即INT_MIN/-1会产生除零错误，如果说溢出未定义，则INT_MIN * -1也应当溢出产生除零错误，但是并没有。设计已经如此，后面也无法更正，于是bug顺理成章变成了feature，然而这个特性在其他CPU里却没有。这对标准的定义造成了很大麻烦，例如INT_MIN % -1，标准很明确为0，但在Intel系统里仍然会触发SIGFPE信号而终止运行，从而还是违背了标准。

(3) 软件优化针对的是gnu的gcc，下面的代码通常用来演示整数溢出的情况：

```
#include <stdio.h>
int main()
{
    for (int i = 1; i > 0; i *= 2)
        printf("%d\n", i);
    return 0;
}
```

在gcc下，如果是-O0或-O1编译运行，当i溢出后会变成-2147483648并退出，然而当使用-O2优化编译时(至少在11.4版本)，优化编译认为溢出未定义的情况下，i *= 2一定大于0，于是变成无限循环，其结果是不断打印0。

事实上，这种优化大多在逻辑上有严重问题。以上面为例，i溢出可以认定i>0，于是需要永远执行下去，溢出后必须有一个值，这个值是0，但0 > 0不成立，这个循环需要终止。于是在可以允许溢出而不终止程序的情况下，选择任何值均与上面的逻辑相悖。

为此，2000年左右，gcc增加了-fwrapv -fno-wrapv来控制优化选项，采用overflow undefined和overflow wraps around两种处理方式。

显然，尽管历史上有种种实现，但补码环绕是唯一正确的解决方法，正常情况下，可以放心地使用整数溢出。当前的微软编译器14(2015是14.0，2017是14.1，2019是14.2，2022是14.3)，除了INT_MIN/-1会产生除零错误，其他方面均采用补码环绕的方式。而这个INT_MIN/-1除零错误应当由Intel修正，而不是由编译器厂家修正。

3.5 本章小结

C 语言规定了多种运算符。根据运算符需要的运算对象的个数，运算符分为单目（一元）、双目（二元）和三目（三元）运算符。不同运算符有不同的优先级和结合律。

算术运算符包括负号运算符“-”，加减乘除运算符“＋”、“－”、“ * ”、“/”和求余运算符“%”。这 6 种运算符中，负号运算符“-”是单目运算符，具有最高的优先级，其余为双目运算符。“ * ”、“/”和求余运算符“%”的优先级高于加减运算符。注意：求余运算符的运算对象只能是整型或字符型。

赋值运算符“＝”是双目运算符，优先级低于算术运算符，作用是将右值赋值给“＝”左边的变量（可修改左值）。当“＝”两边运算对象不同时，会发生赋值类型转变，先将“＝”右边运算对象的类型转换为左边运算对象的类型后再赋值，可能会引起截断操作，编程时需要注意避免。赋值运算符可以和其他运算符组合使用，构成复合赋值运算符，如“＋＝”，使程序更加简洁精练。

自增运算符“＋＋”和自减运算符“－－”使变量自增或自减 1，包括前缀模式（前置运算）和后缀模式（后置运算）两种类型。前置运算时，先使变量的值自增或自减，然后再使用。后置运算时，先使用变量，再使变量的值自增或自减。

C 语言中，当运算对象的数据类型不同时，会产生类型转换。许多类型转换都是自动进行的，如 char 和 short 类型会被升级为 int 类型。赋值类型转换也是自动类型转换的一种。当把较大的类型转换成较小的类型时，可能会发生截断操作，丢失数据。

表达式是由运算符、运算对象组成的符合 C 语言语法规则的式子。每个表达式都有一个值。表达式值的求取过程需要遵循运算符的优先级和结合律。

C 标准中，大部分语句都以分号结尾。最常见的语句是表达式语句，最简单的语句是空语句。C 语句还包括 9 种控制语句、函数调用语句和复合语句。复合语句是用花括号括起来的一条或多条语句（也称为语句块）。while 语句是一种迭代语句，只要测试条件为真，就重复执行循环体中的语句。

3.6 课后习题

1. 算术运算符和赋值运算符的优先级哪个更高？

2. int 类型向 float 类型转换是否会产生精度损失？整数类型之间相互转换是否会产生截断？

3. 假设 x 的值为 78，请回答“（＋＋x）＋x＋＋”的结果是什么？

4. 请分析以下程序中涉及的类型转换，并回答运行结果是什么。

```
#include<stdio.h>
int main()
{
    float f1 = 3.987f;
    int i1 = 87;
```

```
    double d1 = 98.6543210876;
    f1 = d1;
    printf("f1=%.9f\n",f1);
    printf("%d\n", i1 + d1 +f1);
    return 0;
}
```

5. 编写程序，分别输入两个操作数，求这两个操作数的加减乘除和求余的结果，尝试操作数为一个正数、一个负数的情况。

6. 编写程序，计算美元、欧元与人民币的兑换结果。

第 4 章　控制语句：循环

4.1　本章内容与要求

本章介绍以下内容：

- C 语言的循环语句：while 循环、for 循环和 do while 循环。
- 关系运算符和关系表达式。
- 循环嵌套和 break、continue 提前终止循环。

本章首先介绍 while 循环、for 循环和 do while 循环的一般形式、流程图和使用方法，然后介绍关系运算符、关系表达式的种类和优先级、提前终止循环的使用方法，以及循环嵌套的形式。

4.2　while 循环

4.2.1　算法与循环

1972 年，著名计算机科学家唐纳德·克努特(Donald Ervin Knuth)在大英博物馆发现了一本巴比伦平装书，记录了 4000 年前巴比伦人计算平方根的算法。巴比伦人使用六十进制，并且会使用分数，为了好理解，我们把它翻译为现代计算过程：

(1) 取 x=1，y=n，其中 x，y 是长方形的两个边，n 是面积。

(2) 如果 y−x 比要求的精度 e 大，则反复执行以下计算过程：

a. 让 x 为两个边的平均值，即 x = (x + y) / 2；

b. 令 y = n / x，保证 x * y = n，即同样面积的两个边长。

这是一个十分典型的算法，唐纳德·克努特随后写了一篇名为 *Ancient Babylonian Algorithms* 的文章并发表于《ACM 通讯》1972 年 7 月卷 5 中，以探究人类历史上对算法的探究。

在这个算法中，有两个重要的计算环节：

(1) 当前结果离我们所需结果的距离，即|x − y|是否小于要求的误差 e；

(2) 消减误差的过程，即计算两个边的边长平均值作为一个新的边长。

这是算法的两个基本要素，反复执行这个过程，直到达到我们的要求。反复执行即循环。因此，循环语言是算法语言的基本特征。

在实际的程序设计中，不仅只有算法才使用循环，计算机是一个自动化机器，它可以代替人类做重复的工作。例如我们需要计算前100个自然数的和,手动编写100次加法操作显然是不切实际的,而且极易出错。这时,循环语句就派上了用场,它可以自动重复相加代码,直到满足终止条件为止。自动化重复执行的能力可以极大地提高编程的效率和程序的灵活性,是C语言(乃至所有编程语言)不可或缺的一部分。

案例 **4.1**　输入一个整数,统计其位数。

```
#include <stdio.h>
int main()
{
    int n, digits = 0;
    scanf("%d", &n);
    while(n) {
        n /= 10;
        digits++;
    }
    printf("Digits:%d\n", digits);
    return 0;
}
```

案例分析:

代码的输出结果为:

如从键盘输入98,则输出为

```
Digits:2
```

利用整数除法舍弃的特性是拆解组合数字位的常用手段。while是C语言的一种循环控制语句,后面的花括号表示每次循环执行的语句。在循环过程中,变量n表示每次除10之后的商值,n的值每次循环便发生一次变化,当n变为0时,循环结束。

C语言中有3种循环控制结构:while循环、for循环和do while循环,下面将一一详细介绍。

4.2.2　while 循环语句

while循环语句是最基础的循环语句,尤其适合于不清楚过程的循环次数的情况,当循环次数非常明确时,使用for循环能够更加清晰地表达我们的算法。

案例 **4.2**　while循环结构。

```
#include <stdio.h>
int main(void)
{
    int n = 0;

    while (n < 3) {
```

```
        printf("n is %d\n", n);
        n++;
    }
    printf("That's all this program does\n");

    return 0;
}
```

案例分析：

代码的输出结果为：

```
n is 0
n is 1
n is 2
That's all this program does
```

while 后面的花括号中的内容表示循环体，意味着每次循环执行的代码。每次循环打印 n 的值，并使 n 自增 1。当 n 的值大于或等于 3 时，循环结束。算法执行了 3 次循环，分别是 n 的值为 0、1 和 2 时打印 n 的值。

while 语句的一般形式为：

```
while   （条件表达式 e）
                    语句;
```

语句可以是以分号结尾的简单语句，也可以是用花括号括起来的复合语句，称为循环体。案例 4.1 和 4.2 中的语句都是以花括号括起来的复合语句。条件表达式 e 一般使用关系表达式。当条件表达式 e 为真(或者更一般地说，非零)时，执行语句部分一次，然后再次判断条件表达式 e。在条件表达式 e 为假(0)之前，循环将一直重复进行。

图 4.1 描述了 while 循环的流程图，循环一直持续到条件表达式 e 为假时。循环结束之后，再进行 while 循环之后的语句。

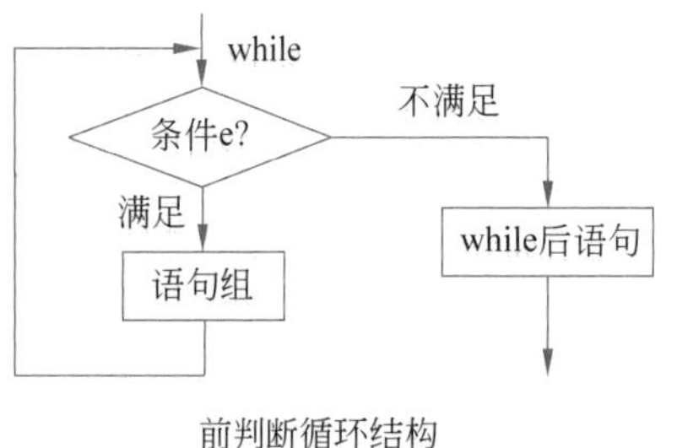

图 4.1　while 循环的流程图

while 循环由 3 部分组成：初始化、循环体、循环终止条件。初始化设置第一次循环的初始状态，案例 4.2 中语句“int n = 0;”进行的是初始化工作。循环体包括两部分：循环主要要完成的任务以及改变下一次循环的状态。案例 4.2 中，打印 n 的值为每次循环主要完成的任务，n++用于改变循环的状态。循环终止条件判断循环是否继续，往往与最后一次循环的状态有关。案例 4.2 中，while 小括号中的 n<3 为循环终止判断条件，可以暂时终止循环。

案例 **4.3**　循环体只包含一个简单语句。

```
#include <stdio.h>
```

```
int main(void)
{
    int n = 0;

    while (n++ < 3)                          //在条件语句使用++和--通常不是好的写法
        printf("n is %d\n", n);              //第一个 n 已经是 1 了
    printf("That's all this program does.\n");

    return 0;
}
```

案例分析：

代码的输出结果为：

```
n is 1
n is 2
n is 3
That's all this program does.
```

案例 4.3 中，n++ < 3 将循环状态的更改和循环条件判断合二为一，在代码执行过程中，先判断 n 的值是否小于 3，为真则进行循环，否则退出循环。然后将 n 的值自增 1 后，再进入循环体或执行 while 后面的语句。案例 4.3 中，循环体只包含一个简单语句“printf("n is %d\n", n);”，用于打印变量 n 当前的值。由于 n 每次先自增再进入循环体，所以每次打印 n 的值时，n 的值为自增后的值。在循环中，n++这样的写法在工程实践中需要避免，这对审查代码的同事是一个灾难。

while 循环是通用循环的形式，多数算法均适合 while 实现，这是因为 while 通常与算法描述是一致的，需要我们熟练掌握。例如上面的巴比伦求平方根的算法，我们的实现和算法的描述十分一致。

```
#include <stdio.h>

int main()
{
    double x = 1, y, s;
    const double e = 1e-5;
    scanf("%lf", &s);
    y = s;
    //当|x - b| > e 时循环
    while(x - y < -e || x - y > e) {
        x = (x + y) / 2;                    //计算两个边的平均值
        y = s / y;                          //保持 x * y = s,即两边乘积等于面积
    }
    printf("%lf\n", x);
    return 0;
}
```

公元前 300 年，欧几里得提出的最大公约数算法也称为辗转相除法，是另一个极其典型

的算法。

欧几里得求两个正整数最大公约数的算法为：

(1) 有非负整数 a 和 b，若 b 为 0，则最大公约数为 a，即 gcd(a, b)=a；

(2) 否则，a 和 b 的最大公约数与 b 和 a mod b 的最大公约数相等，即 gcd(a, b) = gcd(b, a mod b)，a mod b 即取 a 和 b 的余数。

案例 4.4 为其相应的 C 语言实现。

```
#include <stdio.h>

int main()
{
    int a, b;
    scanf("%d%d", &a, &b);
    //有的实现在 a 比 b 小的情况下就进行交换，这是没必要的，算法过程与 a 和 b 谁大无关
    while(b) {                                          //等同于 while(b != 0)
        int t = a % b;                                  //计算 a mode b
        a = b;                                          //令 a 和 b 为 b 和 a mode b
        b = t;
    }
    printf("%d\n", a);                                  //结果为 a
    return 0;
}
```

4.2.3 关系运算符与关系表达式

while 循环的条件表达式需用关系表达式来实现，即 while 接收的是一个布尔类型表达式，出现在关系表达式中间的运算符叫作关系运算符。案例 4.2 中的 n<3 为关系表达式，表 4.1 列出了 C 语言的所有关系运算符。在 C 中，表达式一定有一个值，关系表达式也不例外。关系表达式的值为逻辑值真或假。在 C 中，非 0 即为真，0 为假。表达式为真的值是 1，表达式为假的值是 0。

表 4.1 C 中的关系运算符

运算符	含义	优先级	
<	小于	优先级相同	高
<=	小于或等于		
>	大于		
>=	大于或等于		
==	等于	优先级相同	低
!=	不等于		

关系运算符与其他运算符优先级关系为：算术运算符>关系运算符>赋值运算符。

（1）算术运算符优先级高于关系运算符，如：

```
c < a + b 等效于 c < (a + b)
```

（2）关系运算符优先级高于赋值，如：

```
a = b < c 等效于 a = (b < c)
```

关系运算符的结合律：优先级相同时，从左往右算，即左结合。如：

```
a > b > c == d 等效于((a > b) > c) == d
```

需要注意的是，这个表达式不等同于数学中的 $a > b > c$，即 a 比 b 大并且 b 比 c 大。在 C 语言里，其首先计算 $a > b$ 的结果，这个结果是 bool 类型，值为 0(假)或 1(真)，将这个值再与 c 比较，其结果仍然为 bool 类型，再与 d 比较。例如，当 $a=5$，$b=4$，$c=3$，$d=2$ 时，其运算过程如下：

① $a > b$，即 $5 > 4$，其结果为真，即为 1；

② $1 > c$，即 $1 > 3$，其结果为假，即为 0；

③ $0 == d$，即 $0 == 2$，其结果为假，即为 0。

若要实现类似数学中的 $a > b > c$，读为"$a > b$ 并且 $b > c$"，则需要布尔运算结合，即 (a > b) && (b > c)。

案例 4.5　输入字符，统计换行符的个数。输入用 Ctrl+D(Windows 用 Ctrl+Z)组合键结束。

```
#include <stdio.h>
int main()
{
    int c, count = 0;
    while ((c = getchar()) != EOF) {
        if (c == '\n')
            count++;
    }
    printf("Lines: %d\n", count);
    return 0;
}
```

案例分析：

案例 4.5 中，getchar()函数从键盘等标准输入读取一个字符。文件尾 EOF 几乎都是定义为−1，不是有效字符之一，因此使用整数而不是 char 定义 c。char c 也能运行成功是错误的说法，在 Arm 中，这种 char 是无符号的，系统中无法运行正确。另外要注意优先级，赋值运算符"="比关系运算符"!="的优先级低，除了逗号运算符，赋值以及复合赋值(+=，−=)是最低优先级的运算符号。文件尾在文件中定义的说法不准确。Microsoft 提供文本打开方式和二进制打开方式，UNIX/Linux 则只有二进制打开方式。二进制操作文件不存在 Ctrl+Z 是嵌入文档的 EOF 之说。EOD(0x04)和 SUB(0x1a)表示文件尾。

4.3 for循环

案例 4.6 for 循环结构。

```
#include <stdio.h>
int main(void)
{
    int num;

    printf("    n    n cubed\n");
    for (num = 1; num <= 6; num++)
        printf("%5d %5d\n", num, num * num * num);

    return 0;
}
```

案例分析：

代码的输出结果为：

```
n   n cubed
1     1
2     8
3    27
4    64
5   125
6   216
```

案例 4.6 展示了 C 中的另一种循环语句——for 循环语句。for 循环语句的使用方式灵活多变，适用于循环次数已知的情况。for 语句的一般形式为：

```
for(表达式 1;表达式 2;表达式 3)
  循环体语句
```

图 4.2 展示了 for 语句的流程图。for 语句中，表达式 1 为初始化表达式，为循环变量赋初值，只会在 for 循环开始时执行一次。表达式 2 为测试条件表达式，在执行循环之前对表达式 2 求值。如果表达式为真，则进入循环体语句；如果表达式为假，则循环结束。表达式 3 为执行更新表达式，用于改变循环变量的状态，在每次循环结束时求值。

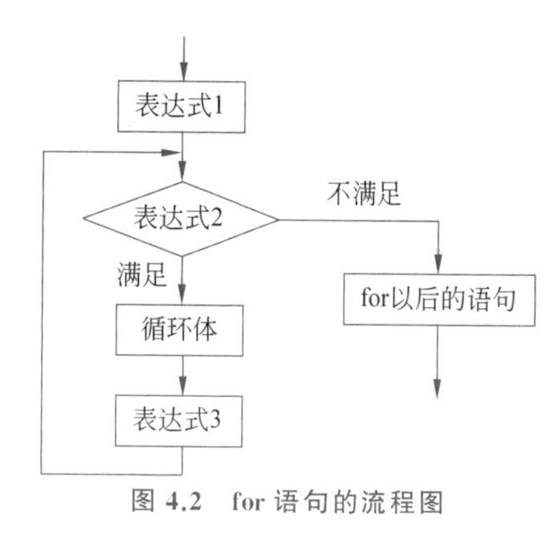

图 4.2 for 语句的流程图

for 语句中，用两个分号分隔 3 个表达式，for 与其后的循环体语句合起来作为一条完整的语句。循环体语句可以是简单语句，也可以是复合语句，复合语句一般用花括号括起来。注意：for 语句右括号后面直接加分号表示循环体语句为空语句的特殊情

况,一般不推荐使用。

for 语句的使用形式灵活多变。

(1) 表达式 1 可以省略,但应在 for 语句之前给循环变量赋初值。注意:省略表达式 1 时,其后的分号不能省略。如:

```
for(;i<=100;i++)  sum=sum+i;
```

执行时,跳过“求解表达式 1”这一步,其他不变。

(2) 如果表达式 2 省略,即不判断循环条件,循环无终止地进行下去。也就是认为表达式 2 始终为真。如:

```
for(i=1; ;i++) sum=sum+i;
```

表达式 1 是一个赋值表达式,表达式 2 空缺。相当于:

```
i=1;
while(1)
{   sum=sum+1;
    i++;
}
```

(3) 表达式 3 也可以省略,但此时程序设计者应另外设法保证循环能正常结束。如:

```
for(i=1;i<=100;)
{   sum=sum+i;
    i++;
}
```

上面的 for 语句中只有表达式 1 和表达式 2,没有表达式 3。i++的操作放在了循环语句中,作为循环体的一部分,效果是一样的,都能使循环正常结束。

(4) 可以省略表达式 1 和表达式 3,只有表达式 2,即只给出循环条件。如:

```
for(;i <= 100;)
{   sum = sum + i;
    i++;
}
```

在这种情况下,完全等同于 while 语句。即

```
while(i <= 100)
{   sum = sum + i;
    i++;
}
```

(5) 表达式 1 既可以是设置循环变量初值的赋值表达式,也可以是与循环变量无关的

其他表达式。如：

```
for (sum = 0; i <= 100; i++)
    sum = sum + i;
```

但需要在循环开始之前为循环变量 i 赋初值。表达式 3 也可以是与循环控制无关的任意表达式。

(6) 表达式 1 和表达式 3 既可以是一个简单的表达式，也可以是逗号表达式，即包含一个以上的简单表达式，中间用逗号间隔。如：

```
for(sum = 0,i = 1;i <= 100;i++) sum = sum + i;
```

或

```
for(i = 0,j = 100;i <= j; i++,j--) k = i + j;
```

案例 **4.7**　斐波那契数列。

```
#include <stdio.h>

int main()
{
    int n, a0 = 0, a1 = 1;

    scanf("%d", &n);                        //打印的项数
    for (int i = 0; i < n; i++) {
        int t = a0 + a1;                    //计算下一项
        a0 = a1;                            //将 a0 和 a1 重新置为新计算的两个相邻项
        a1 = t;
        printf("%d ", a0);
    }
    return 0;
}
```

案例分析：

for 循环非常适合能准确得知循环次数，即从何值开始到何值结束、步进为多少的情况。这种情况下，for 循环比 while 循环更加清晰易读。数学中的数列问题多数都适合 for 循环。以斐波那契数列为例，$a_1 = a_2 = 1$，$a_n = a_{n-1} + a_{n-2}$，计算斐波那契数列必须保存其相邻两项才能计算其下一项。

4.4　do while 循环

案例 **4.8**　猜价格游戏。

```
#include <stdio.h>
int main()
{
    const int price = 875;
    int guess = 0;
    do {
        scanf("%d", &guess);
        if (guess > price)
            printf("Too high\n");
        else if (guess < price)
            printf("Too low\n");
    } while(guess != price);
    printf("Yes, the price is: %d\n", price);
    return 0;
}
```

案例分析：

案例 4.8 采用了 C 中的第 3 种循环语句：do while 循环语句。do while 语句的一般格式为：

```
do{
    循环体语句
}while(条件表达式 e);
```

do while 语句的流程图如图 4.3 所示。

do while 语句的执行过程如下：

（1）执行循环体，计算和判断条件表达式 e 的值；

（2）若 e 为非 0(真)，则重复执行循环体；

（3）若 e 为 0(假)，则结束循环，执行 while 之后的语句。

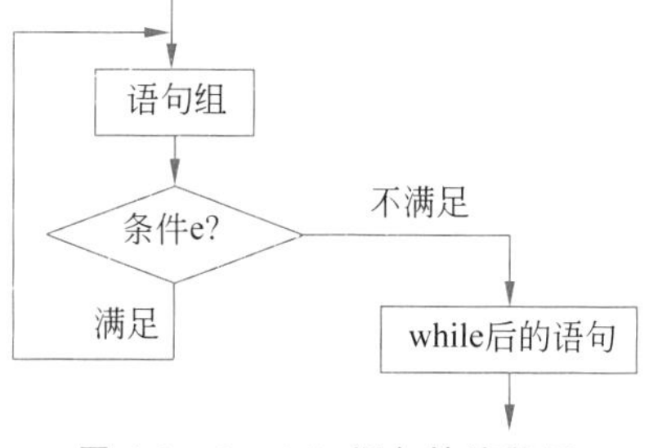

图 4.3　do while 语句的流程图

while 循环和 for 循环在每次进行循环之前都会检查循环条件，即入口条件循环，所以有可能根本不执行循环体中的内容。而 do while 在循环语句执行之后检查循环条件，即出口条件循环，保证至少执行一次循环。

在一般情况下，用 while 语句和用 do while 语句处理同一问题时，若二者的循环体部分是一样的，则它们的结果也一样。但是如果 while 后面的表达式一开始就为假(0 值)，则两种循环的结果是不同的。

C 中有 3 种循环，那么该如何选择循环呢？

通常，while 和 for 的应用场景最普遍。while 通常用于循环次数未知的情况，否则应使用 for 来代替 while。例如统计 glib 库，在 32 万行代码中使用了 640 例 while 和 474 例 for，只有 4 例使用了 do while，而且均是极其简单的逻辑。

4.5 循环嵌套

案例 **4.9** 打印九九乘法表。

```
#include <stdio.h>
int main()
{
    for (int i = 1; i <= 9; i++) {
      for (auto j = i; j <= 9; j++)
        printf("%d * %d = %d\n", i, j, i * j);
    }
    return 0;
}
```

案例分析：

案例 4.9 展示了一种循环嵌套情况，也称为多层循环，即一个循环体内又包含另一个完整的循环结构，这称为循环嵌套。案例 4.9 中，for 循环中嵌套了一个 for 循环。while 循环、do while 循环和 for 循环都可以互相嵌套。

```
(1) while()                (2) do                     (3) for(;;)
    {…                         {…                         {
        while()                    do                         for(;;)
        {…}                            {… }                   {… }
    }                                      while();           }
                                   } while();
(4) while()                (5) for(;;)                (6) do
    {…                         {…                         {…
        do{…}                      while()                    for(;;){ }
            while()                    {  }                       …
        {…}                        …                          }
    }                              }                              while()
```

4.6 break 和 continue

前面介绍的 3 种循环需要根据事先指定的循环条件正常执行和终止。有时需要提前结束循环，如在遍历数组、链表、树等数据结构以查找特定元素时，一旦找到该元素，就没有必要继续遍历剩余部分；或在处理错误时，遇到错误或异常情况可能需要立即停止循环并处理错误。break 和 continue 是两个非常重要的关键字，用于在循环结构中改变程序的执行流程，提前终止循环。

break 语句可以提前终止循环，使程序流程跳出循环体，接着执行循环体后面的语句。

案例 **4.10**　从键盘输入一个数字，判断其是否是素数。

```
#include <stdio.h>
int main()
{
    int x;
        bool isPrime = true;
    scanf("%d",&x);
    for (int i = 2; i * i <= x; i++) {
        if (x % i == 0)
        {
            IsPrime = false;
            break;                           //当满足 if 的条件时，直接跳出循环
        }
    }
    if(isPrime)
        printf("是素数");
    else
        printf("不是素数");

    return 0;
}
```

案例分析：

如从键盘输入 8，则会输出“不是素数”。

案例 4.10 中，程序首先通过 scanf()函数接收用户输入的整数 x。设置变量 isPrime 初始为真，用于表示 x 是否是素数。如果 x 是素数，则 isPrime 保持为真；否则，在发现 x 可以被某个数整除时，isPrime 被设置为 0。i 作为循环变量，表示 x 的除数，用于测试 x 是否是素数。i 的范围为从 2 到 sqrt(x)(x 的平方根)。使用 sqrt(x) 作为上限是因为如果 x 有一个因子大于它的平方根，那么它必定有一个小于或等于其平方根的因子。这种优化减少了不必要的迭代次数，提高了算法效率。C 语言的 sqrt(x)是针对 double 类型计算的，不应在此处应用，应采用 i * i <= x 达到相同的计算目的。在循环体内，如果 x 能被 i 整除(x % i == 0)，则说明 i 不是素数，将 isPrime 设置为 false，并通过 break 语句提前终止 for 循环，执行 for 循环后面的判断语句。

有时并不希望终止整个循环操作，只是希望提前结束本次循环，这时需要使用 continue 语句。

案例 **4.11**　请输出 1 到 50 之间不能被 3 整除的数。

```
#include <stdio.h>

int main() {
    int i;
    //遍历 1 到 50 之间的所有整数
```

```
    for(i = 1; i <= 50; i++) {
        //如果 i 能被 3 整除,则终止本次循环
        if(i % 3 == 0) {
            continue;
        }
        printf("%d\n", i);
    }
    return 0;
}
```

案例分析：

使用 for 循环遍历从 1 到 50 之间的所有整数。循环的初始化部分是 i = 1,循环条件是 i <= 50,每次循环结束时 i 的值都会增加 1。在循环体内,通过 if(i % 3 == 0)判断当前的 i 是否能被 3 整除。如果 i 能被 3 整除,则余数为 0,条件判断为真,执行 continue 语句。continue 语句的作用是跳过当前循环体中剩余的代码,并继续下一次循环。这意味着,当 i 能被 3 整除时,“printf("%d\n", i);”这行代码不会被执行。

continue 和 break 是对循环的补充,大量用在对程序的补丁中。此外,对于循环嵌套来说,break 和 continue 只能跳出一重循环,不能跳出整个循环嵌套。

break 和 continue 对于循环来说并不是必需的语句。如果使用了 break,尤其是 continue 语句,一定要审视代码是否有考虑不周的地方。因为循环的条件是算法思考的要点,通常使用了 break 或 continue 的原因是循环条件考虑不周。

我们再对前面判断素数的例子加以优化。判断是否为素数是典型的找证据类问题,即没找完并没找到其是素数的证据,则继续找,以下表达要比上述的例子实现要清晰简洁得多。

```
#include <stdio.h>
int main()
{
    int x;
    bool isPrime;

    scanf("%d", &x);
    isPrime = x > 1;                              //素数是针对大于 1 的正整数
    //当没有探测所有可能情况,并且还没找到不是素数的证据时循环
    for (int i = 2; i * i <= x && isPrime; i++)
        isPrime = x % i != 0;                     //能整除则不是素数,会造成循环条件为假
    //从 2 到 sqrt(x)都探测完,且 isPrime 始终为真,则它一定是素数
    printf("%s", isPrime ? "是素数" : "不是素数");
    return 0;
}
```

4.7 本章小结

本章的主题是循环结构。while 语句和 for 语句提供了入口条件循环。for 语句特别适用于循环次数已知的情况。使用逗号运算符可以在 for 循环中初始化和更新多个变量。do

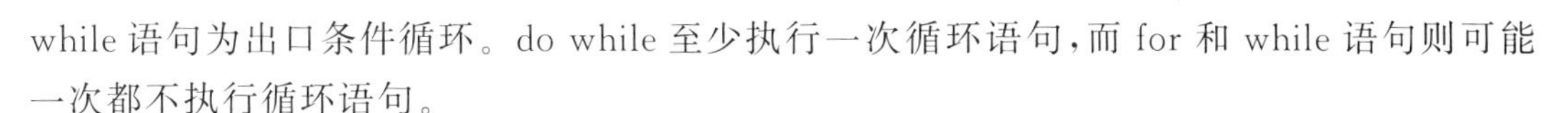

while 语句为出口条件循环。do while 至少执行一次循环语句，而 for 和 while 语句则可能一次都不执行循环语句。

while 循环语句的伪代码如下：

```
获得初值
while (条件表达式)
{
  语句
}
for 循环也可以完成相同的任务：
for (表达式 1; 表达式 2; 表达式 3)
  语句
```

表达式 1 表示初始化，表达式 2 为循环判断条件，表达式 3 为循环状态改变表达式。3 种循环都使用测试条件表达式来判断是否继续执行下一次循环。通常情况下，如果测试表达式的值为非 0，则继续执行循环；否则结束循环。测试条件往往都是关系表达式(由关系运算符和表达式构成)。表达式的关系为真，则表达式的值为 1；如果关系为假，则表达式的值为 0。

3 种循环可以互相嵌套，形成多层循环。break 和 continue 可以提前终止循环，break 用于提前终止整个循环，continue 用于终止本次循环，但整体循环不会结束。在多层循环中，break 和 continue 只能提前终止一层循环。

4.8　课后习题

1. while 循环与 do while 循环的区别是什么？

2. for 循环和 while 循环分别适用于什么应用场景？

3. 编写代码，计算百钱买百鸡问题。公鸡五钱一只，母鸡三钱一只，小鸡三只一钱，一百钱买一百只鸡，计算有多少种买法。

4. 编写代码，计算半径为 1～50 厘米的圆和球的面积；$10+1/1+1/2+1/3+\cdots+1/n$ 的和。

5. 输入一组正整数，遇负数终止输入，统计输入数据个数并计算平均数。

6. 输入一行字符，统计英文字符、数字、空格和其他字符的个数。

7. 编程输出 3 位数中的所有水仙花数。水仙花数是指各位数字立方和等于该数本身，例如 371 是水仙花数，因为 $371=3^3+7^3+1^3$。

8. 编程实现凯撒密码。凯撒密码是经典的古典密码算法之一，基本思想是通过把字母移动一定的位数来实现加密和解密。明文中的所有字母都在字母表上向后(或向前)按照一个固定数目进行偏移被替换成密文。例如，当偏移量是 3 时，所有的字母 A 将被替换成 D，B 变成 E，以此类推，X 将变成 A，Y 变成 B，Z 变成 C。

9. 一球从 100 米高度自由落下，每次落地后反弹回原高度的一半再落下。求球在第 10 次落地时共经过了多少米，第 10 次反弹有多高。

10. 猴子吃桃问题：猴子第一天摘下若干个桃子，当即吃了一半，还不过瘾，又多吃了一个。第二天将剩下的桃子吃掉一半，又多吃了一个。以后每天都吃了前一天剩下的一半零一个。到第10天时，只剩下一个桃子了。求第一天猴子共摘了多少个桃子？

11. 采用循环嵌套打印输出金字塔图案。

```
  *
 ***
*****
```

第 5 章　控制语句：分支和跳转

5.1　本章内容与要求

本章介绍以下内容：

- C 语言的选择语句：if 单分支、双分支和多分支选择结构、switch 选择分支结构。
- 逻辑运算符、逻辑表达式，以及条件运算符和条件表达式。

本章首先介绍 if 单分支、双分支和多分支选择结构的一般形式、流程图和使用方法，然后介绍逻辑运算符、逻辑表达式，以及条件运算符和条件表达式优先级和结合性，最后介绍 switch 语句的一般形式和使用注意事项。

5.2　if 选择分支结构

5.2.1　为什么使用选择分支结构

现实生活中，往往需要进行判断和选择。例如，判断一个一元二次方程是否有实数根，根据学生的考试分数确定学生的等级，用户登录验证等。如果用户输入的账号和密码与系统预存的信息匹配，则允许用户登录并跳转到相应的用户界面；如果不匹配，则会提示用户输入错误，允许用户重新输入或采取锁定账户等其他安全措施。因此，C 语言设计了选择分支结构。

C 语言的选择分支语句有两种：if 语句和 switch 语句。switch 语句专门处理多分支语句，本节先介绍 if 语句的使用和案例，5.5 节介绍多分支语句和 switch 语句。

案例 **5.1**　假设 $a>0$，判断方程 $ax^2+bx+c=0$ 是否有实根，若有，请输出实根。

```
#include<stdio.h>
#include<math.h>

int main() {
    double a, b, c, disc, x1, x2, p, q;

    scanf("%lf %lf %lf",&a,&b,&c);
    disc = b*b-4*a*c;

    if(disc<0)
```

```
        printf("This equation has no real roots.\n");

    else
      {
          p = -b/(2.0 * a);
          q = sqrt(disc)/(2.0 * a);
          x1 = p + q;
          x2 = p - q;
          printf("Real roots are:x1 = %f, x2 = %f.\n", x1,x2);
      }

    return 0;

}
```

案例分析：

如从键盘输入 3 6.5 2.2，则输出为

```
Real roots are:x1 = -0.419799, x2 = -1.746868.
```

案例5.1中，变量a、b、c分别表示一元二次方程的3个系数，x1、x2表示方程的两个根，disc、p、q为计算过程中的中间变量。a、b、c通过scanf()函数从键盘获得，sqrt()函数为求平方根函数，函数定义包含在头文件＜math.h＞中。if else语句为if语句的双分支结构，用于判断disc的值是否小于0，即方程是否有实根。5.2.2节将详细介绍if语句的具体使用方法。

5.2.2 if选择分支语句

if语句是C语言选择分支结构中的重要语句，包括单分支、双分支和多分支选择结构。单分支表示只有一个选择分支，双分支表示有两个选择分支，多分支表示有多个选择分支。

if单分支选择语句的流程图如图5.1所示，一般形式为：

```
if(表达式)
   语句
```

其中，语句可以是简单语句，也可以是复合语句，复合语句需要用花括号括起来。当表达式的值为真(非0)时，执行语句；当条件表达式的值为假时，不做任何操作。

if双分支选择语句的流程图如图5.2所示，一般形式为：

```
if(表达式)
   语句 1
else
   语句 2
```

其中，语句1和语句2可以是简单语句，也可以是复合语句，复合语句需要用花括号括起来。当表达式的值为真(非0)时，执行语句1；当条件表达式的值为假(0)时，执行语句2。

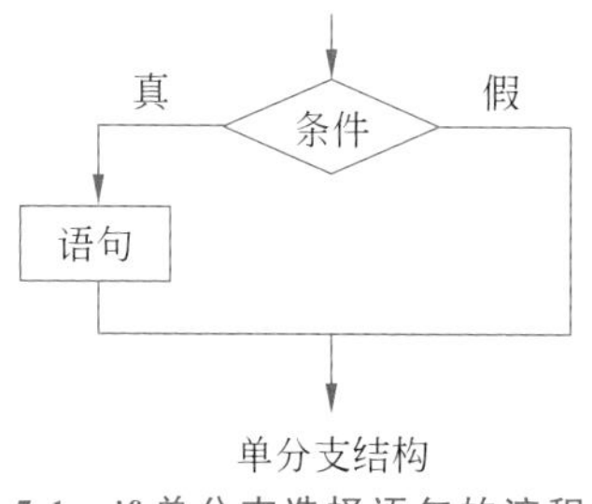

图 5.1　if 单分支选择语句的流程图

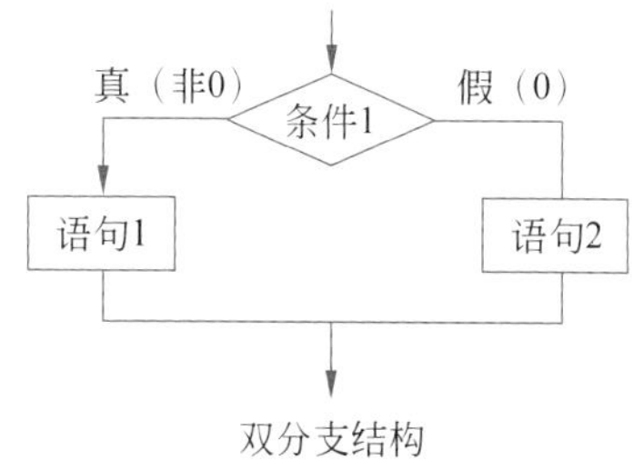

图 5.2　if 双分支选择语句的流程图

案例 5.2　从键盘获取字符,若输入字符为字母,则加 1 输出。采用单分支结构实现。

```
#include <stdio.h>
#include <ctype.h>
int main(void)
{
    char ch;

    while ((ch = getchar()) != '\n')
    {
        if (isalpha(ch))
            putchar(ch + 1);
    }

    return 0;
}
```

案例 5.3　从键盘获取字符,若输入字符为字母,则将其下一个字母输出。采用双分支结构实现。

```
#include <stdio.h>
#include <ctype.h>
int main(void)
{
    char ch;

    while ((ch = getchar()) != '\n')
    {
        if (isalpha(ch))
            putchar(ch + 1);
        else
            putchar(ch);

    }

    return 0;
}
```

案例分析：

上面两个案例中，通过 getchar()函数从键盘接收字符，利用 putchar()函数将字符显示在显示器上。getchar()的特点是可以接收空白字符，而 scanf()函数在接收字符串时遇到空白即停止读取。while 循环负责对输入的所有字符进行处理，直到遇到换行符“\n”结束循环。在循环体中，对接收到的每一个字符进行判断。使用 isalpha(ch)函数来检查当前读取的字符 ch 是否是一个字母(无论是大写还是小写)。isalpha()函数是＜ctype.h＞头文件提供的一个函数，用于字符分类，如果参数是字母('A'到'Z'或'a'到'z')，则返回非零值(真)，否则返回 0(假)。单分支语句只包括一个 if 语句，双分支语句由 if else 实现。输出字母的下一个字母由 ch+1 实现。由于字母在 ASCII 码表中是连续排列的(大写字母'A'到'Z'的 ASCII 码值为从 65 到 90，小写字母'a'到'z'的 ASCII 码值为从 97 到 122)，因此将字母的 ASCII 码值加 1 相当于将其“转换”为字母表中的下一个字母。注意，这里没有对字母表边界(如'z'加 1 后变为'{')进行特殊处理，这可能会导致非预期的字符输出。

除了 isalpha()函数，头文件＜ctype.h＞中还包括多个字符处理函数，如表 5.1 所示。

表 5.1　头文件＜ctype.h＞中的字符处理函数

函数名	如果是下列参数，返回值为真
isalpha()	字母
isalnum()	字母或数字
isblank()	标准的空白字符(空格、水平制表符或换行符)或其他本地化指定为空白的字符
isctrl()	控制字符，如 Ctrl+C
isdigit()	数字
isgraph()	除空格之外的任意可打印字符
islower()	小写字母
isprint()	可打印字符
ispunct()	标点符号(除空格或字母数字以外的任意可打印字符)
isspace()	空白字符(空格、换行符、换页符、回车符、垂直制表符、水平制表符或其他本地化定义的字符)
isupper()	大写字母
isxdigit()	十六进制数字符

除了单分支和双分支选择结构，if 语句还有多分支选择结构，其流程图如图 5.3 所示，一般形式为：

```
if(条件 1) 语句 1
else if(条件 2) 语句 2
else if(条件 3) 语句 3
…
else if(条件 n) 语句 n
else 语句 n+1
```

多分支结构的执行过程为：当条件 1 为真时，执行语句 1；当条件 1 为假时判断条件 2；

当条件 2 为真时,执行语句 2;当条件 2 为假时判断条件 3,以此类推;如果一直到条件 n 都不成立,就执行语句 n+1。

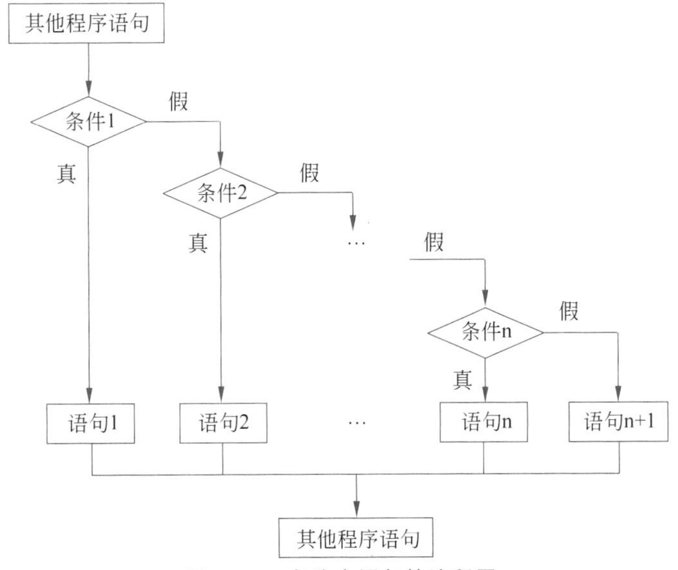

图 5.3　if 多分支语句的流程图

案例 5.4　实现简单的算术计算器,采用多分支结构实现。

```
#include<stdio.h>
int main()
{
    double v1, v2,result;
    char op;
    printf("input expression: ");
    scanf("%lf%c%lf", &v1, &op, &v2);
    printf("%.6lf %c %.6lf\n", v1, op, v2);
    if(op=='+')
        result=v1+v2;
    else if(op=='-')
        result=v1-v2;
    else if(op=='*')
        result=v1*v2;
    else if(op=='/')
        result=v1/v2;
    else
        printf("operator error !\n");
    printf("%.6lf\n",result);
    return 0;
}
```

案例分析:

案例 5.4 中,变量 v1、v2 表示两个操作数,result 表示算术运算结果,op 表示算术运算。

v1、v2 和 op 通过 scanf()函数从键盘接收。案例 5.3 采用了 if、else if、else 的多重选择分支结构，分别判断算术运算是否为加、减、乘、除中的一种。但此处需要注意，在除法操作中没有考虑除数是否为 0 这一问题。算法还有欠缺，需要进一步完善。

5.3 逻辑运算符和逻辑表达式

案例 5.5 判断输入的年份是否为闰年。

```
#include<stdio.h>
int main()
{
    int year;
    printf("请输入一个年份:");
    scanf("%d", &year);
    if (((year% 4 == 0) && (year % 100 != 0)) || (year % 400 == 0))
        printf("%d 年是闰年", year);
    else
        printf("%d 年不是闰年",year);
    return 0;
}
```

案例分析：

根据格里高利历(公历)，闰年的规则为如果年份能被 4 整除但不能被 100 整除或者如果年份能被 400 整除，即满足两个条件中的任意一个为闰年。案例 5.4 中，if 后面的表达式描述了闰年的条件，“&&”“||”是逻辑运算符。C 语言提供了 3 种逻辑运算符，分别为!、&& 和||，分别表示逻辑非、逻辑与和逻辑或。“&&”和“||”为双目运算符，需要两个操作数。“!”为单目运算符，需要一个操作数。

由逻辑运算符构成的表达式叫作逻辑表达式。逻辑表达式的计算结果为逻辑值，即“真”或“假”。在 C 中表示逻辑运算结果，1 代表“真”，0 代表“假”。判断一个量是否为“真”时，非 0 为“真”；0 为“假”。表 5.2 展示了逻辑运算的真值表。

表 5.2 逻辑运算的真值表

a	b	!a	!b	a&&b	a||b
真	真	假	假	真	真
真	假	假	真	假	真
假	真	真	假	假	真
假	假	真	真	假	假

逻辑运算符的优先级：!>算术运算符>关系运算符> && 和||>赋值运算符。

结合性：&& 和||从左向右算，即左结合；! 为单目运算符，即右结合。

例如，若 a 的值为 19，b 的值为 7，则! a 的值为 0，a&&b 的值为 1，! a&&b 的值为 0。

逻辑表达式的求值顺序是从左往右,但并不是所有的逻辑运算符都会被执行,只有在必须执行下一个逻辑运算符才能求出表达式的解时,才执行该运算符。即在逻辑表达式的求值过程中,一旦能确定逻辑表达式的值,就不再逐步求值。

假设"int a=0,b=2,c=1;",求下列表达式的值及各变量的值:

(1) a && b++ && --c;

(2) a || b-- || c++。

表达式(1)的值为 0,各变量的值分别为 a=0,b=2,c=1。a 的值为 0,与任何表达式相与的结果均为 0,因此,表达式 1 的值确定为 0,后续的逻辑运算不再执行,a、b、c 保持原值不变。

表达式(2)的值为 1,各变量的值分别为 a=0,b=1,c=1。表达式(2)中,第一个逻辑运算符为"||",则先计算表达式 a || b-- 的值。b-- 为后缀模式,所以先计算 a || b,b 的值再自减 1 变为 1。第二个逻辑运算符同样为"||",a || b-- 表达式的值为 1,与任何表达式相关的结果均为 1,所以无须再进行后续的逻辑运算,c 保持原值不变。

5.4　条件运算符和条件表达式

条件运算符"?"":"是 C 语言中唯一的三目运算符。一般形式为:

```
表达式 1? 表达式 2: 表达式 3
```

条件运算符相当于一个双分支选择结构,执行过程是:判断表达式 1 的值,如果为真,则执行表达式 2;如果为假,则执行表达式 3。

由条件运算符构成的表达式称为条件表达式,条件表达式的值为表达式 2 或表达式 3 的值。

案例 **5.6**　打印两个整数中较小的数。

```
#include<stdio.h>
int main()
{
    int num1 = 0, num2 = 0;
    scanf("%d %d", &num1,&num2);
    if (num1<num2)
        printf("%d 为较小的整数", num1);
    else
        printf("%d 为较小的整数", num2);
    return 0;
}
```

条件运算符的实现代码如下:

```
#include<stdio.h>
int main()
```

```
{
    int num1 = 0, num2 = 0,num = 0;
    scanf("%d %d", &num1,&num2);
    num = num1<num2 ? num1 : num2;
    printf("%d为较小的整数", num);
    return 0;
}
```

案例分析：

案例5.6中，num1<num2 ? num1 : num2的作用等效于if else双分支结构。用条件表达式处理简单的选择结构可以使程序更加简洁。

条件运算符的优先级高于赋值、逗号运算符，低于其他运算符。例如：

```
M < n ? x : a + 3   等效于(m < n) ? x :(a + 3)
```

当一个表达式中出现多个条件运算符时，结合方向为自右至左，即应该将位于最右边的问号与离它最近的冒号配对，并按这一原则正确区分各条件运算符的运算对象。

例如：

```
W < x ? x + w : x < y ? x : y   等效于w < x ? x + w : ( x < y ? x : y)
```

5.5 嵌套分支选择结构

在if语句中又包含一个或多个if语句称为if语句的嵌套。一般形式为：

```
if(表达式)
    内嵌 if语句
else
    内嵌 if语句
```

"内嵌if语句"可以为if语句3种基本形式(单分支、双分支、多分支)中的任意一种。if语句的嵌套形式中，可能会出现多个if和多个else重叠的情况，这时要特别注意if和else的配对问题。C语言规定：else总是与它前面最近且还没有配对的if配对，称为就近原则。

案例5.7 分析下列代码中if和else的配对情况。

```
#include<stdio.h>
int main()
{
    int num1 = 0, num2 = 0, num3 = 0, num = 0;
    scanf("%d %d %d", &num1,&num2,&num3);
    if(num1<num2)
    if(num1<num3)
        num = 10;
```

```
    else
        num = 20;
    printf("num = %d.",num);

    return 0;
}
```

案例分析：

当输入 5 2 7 时，程序的运行结果为：

```
num = 0
```

根据就近匹配原则，案例中的 else 与第二个 if 配对，因为 num1 的值大于 num2，所以程序直接跳转到 printf()函数处打印。案例中的配对关系不够清晰，为了使配对关系更加明确，可以用花括号和缩进来确定配对关系，即可以改写为以下代码：

```
#include<stdio.h>
int main()
{
    int num1 = 0, num2 = 0, num3 = 0, num = 0;
    scanf("%d %d %d", &num1,&num2,&num3);
    if(num1<num2)
    {
        if(num1<num3)
            num = 10;
    }
    else
        num = 20;

    printf("num = %d.",num);
    return 0;
}
```

此时，当输入 5 2 7 时，程序的运行结果为 num = 20。

5.6　switch 语句

if 语句可以处理多分支语句，但如果分支较多，则嵌套的 if 语句层数就会变多，程序会变得冗长，导致可读性降低。当针对整数进行分类处理时，用 switch 多分支选择结构要比 if-else 清晰得多。

switch 语句的一般形式为：

```
switch ( 整型表达式 )
{
  case 常量 1:
  语句 1;                                        //← 可选
  break;                                         //← 可选
```

```
    case 常量 2:
    语句 2;                                    //← 可选
    break;                                     //← 可选
    default :                                  //← 可选
    语句 3;                                    //← 可选
    break;                                     //← 可选
}
```

案例 5.8　用 switch 语句实现案例 5.3。

```
#include<stdio.h>
int main()
{
    double v1, v2,result;
    char op;
    printf("input expression: ");
    scanf("%lf%c%lf", &v1, &op, &v2);
    printf("%.6lf%c%.6lf\n", v1, op, v2);
    switch(op)
    {
      case '+':
          result=v1+v2; break;
      case '-':
          result=v1-v2; break;
      case '*':
          result=v1*v2; break;
      case '/':
          result=v1/v2; break;
      default:
          printf("operator error !\n");
          result=0.0;
    }

    printf("%.6lf\n",result);
    return 0;
}
```

案例分析：

switch 语句的执行顺序是：判断紧跟 switch 关键字的表达式的值，当表达式的值与某一个 case 后面的常量表达式的值相等时，就执行此 case 后面的语句；如果遇到 break 语句，就结束整个 switch 语句；若所有的 case 中的常量表达式的值都没有与表达式的值匹配的，就执行 default 后面的语句。

使用 switch 语句时，要注意以下几点。

(1) switch 关键字后括号内的表达式为任意符合 C 语言语法规则的表达式，但其值只能是整数类型，其中包括字符型和枚举型类型。

(2) 每个 case 只能列举一个整数类型常量，包括字符常量或者枚举常量。

(3) 每个 case 后的常量表达式的值必须互不相同，否则就会出现互相矛盾的现象。

(4) default 和各个 case 出现的次序不影响执行结果；如果不需要，则 default 可省略不写，即只出现一次或不出现。

(5) 在 case 后，允许有多个语句，可以不用"{}"括起来，但为了提高可读性，建议使用"{}"括起来。

(6) 语句执行时碰到 break 才会停止，否则从执行处接着往后执行，直到遇到 break 为止。如果各 case 之间没有 break，编译器会认为用户忘记了书写，因此通常会报警告，C23 可以加入[[fallthrough]]标签明确表示漏过，这时编译器不再报警告。

(7) 如果可能，case 列举值应尽量连续或接近，以帮助编译器进行优化。

例如，将"case '*'"表达式中的 break 删除，假设输入 3.3*5.6，则输出为 0.589286。输出结果与预期不符，这是因为程序在运行"result=v1*v2;"之后没有遇到 break 跳出 switch 语句，所以接着执行"result=v1/v2;"，得到 result 的值为 0.589286，之后遇到 break 便跳出 switch 语句。

(8) 多个 case 标号可以共用一组执行语句。

案例 5.9　判断输入字符是元音字母、空白字符还是其他字符。

```
#include<stdio.h>
int main(void)
{
    char c;
    printf("输入一个字符:");
    scanf("%c",&c);
    switch(c)
    {
          default: printf("这是其他字符\n");
          case 'a': case 'A':
          case 'e': case 'E':
          case 'i': case 'I':
          case 'o': case 'O':
          case 'u': case 'U':
              printf("这是元音字母\n");break;
          case ' ':
          case '\n':
          case '\t':
              printf("这是空白字符\n");break;
    }
    return 0;
}
```

案例分析：

案例 5.9 中，所有的元音字母都共用一组 printf()打印语句，' '、'\n'、'\t'三种空白字符共用一组 printf()打印语句。

尽管 switch case 语句可以由 if else 语句替换，且 if else 语句更灵活，但在实现状态机类算法时，应使用 switch case 语句。例如，里奇的《C 语言程序设计》一书中，关于单词统计的例子中有一个只含有两个状态的状态机，其状态转换图如图 5.4 所示。

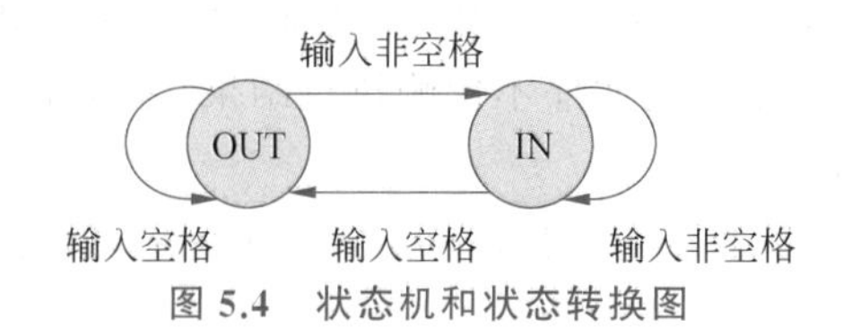

图 5.4　状态机和状态转换图

状态机根据当前状态和输入数据决定下一个状态的取值，因此用 switch 语句是最贴切的实现。相应的 C 语言代码为：

```
#include <stdio.h>
#include <ctype.h>

enum WordState {IN, OUT};

int main() {
    int c, count = 0;
    enum WordState stat = OUT;
    while((c = getchar()) != EOF) {
        switch(stat) {
            case OUT: {                         //当前状态在单词外
                if (!isspace(c)) {              //单词外状态，如果接收的字符不是空格
                    count++;                    //则进入单词内状态，单词计数加 1
                    stat = IN;                  //转换状态到单词内
                }
                break;
            }
            case IN: { 当前状态在单词内
                if (isspace(c))                 //在单词内状态，接收的字符是空格
                    stat = OUT;                 //转换状态为单词外
                break;
            }
        }
    }
    printf("Words:%d\n", count);
    return 0;
}
```

5.7　本章小结

本章介绍了选择分支控制语句。if 语句有 3 种形式：单分支、双分支和多分支。if 单分支语句使用表达式控制程序是否执行表达式后面的简单语句或复合语句。如果表达式的值是非零值，则执行语句；如果表达式的值是 0，则不执行语句。if else 双分支语句可用于二选一的情况。如果表达式是非零，则执行 else 前面的语句；如果表达式的值是 0，则执行 else 后面的语句。在 else 后面使用另一个 if 语句形成 else if，可构成多分支语句。if 后面的表达式通常都是关系表达式，即用一个关系运算符（如＜或＝＝）的表达式。使用 C 的逻辑运

算符可以把关系表达式组合成更复杂的表达式,用于选择分支判断。

条件运算符(?:)是C语言中唯一的三目运算符,可当作双分支选择结构使用。在多数情况下,用条件运算符(?:)写成的表达式比 if else 语句更简洁。

ctype.h 系列的字符函数(如 issapce()和 isalpha())为创建以分类字符为基础的测试表达式提供了便捷的工具。

switch 语句可以在一系列以整数作为标签的语句中进行选择。如果紧跟在 switch 关键字后的表达式的整数值与某标签匹配,程序就转至执行匹配的标签语句,然后在遇到 break 之前继续执行标签语句后面的语句。

5.8 课后习题

1. C语言中,如何表示真与假?

2. 请写出算术运算符、赋值运算符以及逻辑运算符的优先级。

3. 求输入整数的绝对值。

4. 输入一个字符,判别其类别是英文字符、空格、数字还是其他字符。

5. 输入一个3位整数,将数字位置重新排列,组成一个最大的3位整数。例如输入598,输出985。

6. 输入一个日期,计算这个日期是星期几。

7. 编写代码,实现百分制成绩与五级制成绩的转换。如输入98,则输出优。

8. 请分析以下程序的输出结果。此外,如果将y的值改为0,请分析程序的输出结果。

```
#include<stdio.h>
int main(void)
{
    int x = 3, y = 1, z = 7;
    if((y++||z++)&&x++)
        printf("x = %d,y = %d, z = %d\n",x,y,z);
    return 0;
}
```

9. 编写代码实现字符输入,遇到EOF结束,要求输出输入字符以及字符对应的ASCII码值。每行输入6个字符和ASCII码值组合。

10. 分析以下程序的输出结果。

```
#include<stdio.h>
int main(void)
{
    int x = 3, y = 1, z = 7, t = 10;
    if(x>y)
     if (y>z)
        printf("t = %d\n", --t - 3);
     else
```

```
        printf("t = %d\n", t-- - 3);
      printf(""t = %d\n", t);
    return 0;
}
```

11. 用条件运算符实现输入一个整数，输出这个数的绝对值。

第6章 函　　数

6.1 本章内容

本章介绍以下内容：

- 关键字：return。
- 运算符：*（一元）、&（一元）函数及其定义方式。
- 如何使用参数和返回值。
- 如何把指针变量用作函数参数。
- ANSI C 原型。
- 递归。

C 语言以函数为基本块，利用函数来组织程序。前面已经介绍了 main()函数、printf()函数、scanf()函数等，本章介绍自定义函数。

6.2 函数的概念

6.2.1 为什么要使用函数

函数（function）是完成某种特定任务的独立程序代码单元，可由一个或多个程序块组成。函数机制可有效分解复杂问题，提升代码重用率，方便多人协作工作，实现代码的积累与继承，并提高软件系统的可靠性。函数的递归特性也是算法设计的重要形式之一。函数是 C 语言的最小模块，是必不可少的语言特性，没有函数，也就不可能研制出 UNIX 系统这样复杂的软件。对于初学者，在学习函数以后，应该习惯把问题分解到不同函数里去解决，而不是通通放到主函数里。

如果程序要多次完成某项任务，那么只需编写一个合适的函数，就可以在需要时使用这个函数，或者在不同的程序中使用该函数，就像许多程序中使用 putchar()函数一样。即使程序只完成某项任务一次，使用函数使计算过程清晰明朗也是非常值得的。清晰的程序结构对提高软件产品的质量和推动产品进化都非常有意义。例如，假设要编写一个程序完成以下任务：

读入一系列气象学温度记录；

分类这些温度记录；

找出这些温度的平均值；

打印一份柱状图。

可以使用下面的程序：

```
#include <stdio.h>
#define SIZE 50                                  //这是个魔术数字,50一定够吗

/**
 * 读取温度列表
 * @param data 数组首地址
 * @param size 读取的数据长度
 * @return 实际读取数据的个数
 */
void readlist(float *data, size_t size);
/**
 * 对数组进行排序
 * @param data 数组首地址
 * @param size 数据长度
 */
void sort(float *data, size_t size);
/**
 * 计算数据表的平均值
 * @param data 数组首地址
 * @param size 数据长度
 * @return 平均值
 */
float average(const float *data, size_t size);
/**
 * 打印饼形图
 * @param data 数组首地址
 * @param size 数据长度
 */
void bargraph(const float *data, size_t size);

int main()
{
  float list[SIZE];
  readlist(list, SIZE);
  sort(list, SIZE);
  printf("average:%d\n", average(list, SIZE));
  bargraph(list, SIZE);
  return 0;
}
```

当抽象好程序所需的各种计算过程，并以函数形式进行了严谨明确的定义后，主程序将变得非常简单明了。实现4个函数 readlist()、sort()、average()和 bargraph()后，再对每个函数进行单元测试，这样整个程序的实现过程比全部写在主函数里不仅更安全，而且效率要高很多。对于中大型工程，一个主函数是无法完成的。如果这些函数足够通用且实现为全局函数并打包在库里，还可以用于程序的其他部分或其他工程，从而实现软件资源的积累。注意，上述函数的注释使用了常用的 Doxygen 注释格式，使用 Doxygen 可以自动为这些注

释生成格式优良的文档，提供给同事参阅。

6.2.2　函数的相关概念

案例6.1中包含3个函数。

案例 **6.1**

```
#include <stdio.h>                      //引入头文件，用于输入/输出功能
static int add(int a, int b);           //函数原型声明
//无返回值、无参数的函数定义
static void hello(void ) {
    printf("Hello World!\n");
}
int main()
{
    hello();                            //调用 hello 函数
    int result = add(3, 5);             //调用 add 函数，并将返回值保存到 result 变量中
    printf("%d\n", result);
    return 0;
}
//有返回值、有参数的函数定义
static int add(int a, int b) {
    return (a + b);
}
```

案例分析：

语法规则定义了函数的结构和使用方式。一些函数执行某些动作，如printf()把数据打印到屏幕上；一些函数找出一个值供程序使用，如strlen()把指定字符串的长度返回给程序。

从案例6.1可以看出，C语言中的函数定义包括以下部分。

(1) 函数类型(return type)：指明函数将要返回的值的数据类型。常见的有int、float等基本数据类型或自定义结构体等类型。

(2) 函数名称(function name)：与变量标识符命名规则相同，用于标识该函数的名字，可由字母、数字和下画线组成，首字符为字母或下画线，且不能与已存在的关键字重复。

(3) 参数列表(parameter list)：传入函数内部使用的变量及其对应的数据类型。如果没有任何参数需要传入，则应书写为void；多个参数之间用逗号进行分隔。注意：参数列表为空时，对应的参数列表需要的括号也要保留。

(4) 函数主体(function body)：包含函数所要执行的操作和计算的所有语句。使用花括号“{}”来界定函数主体的开始和结束位置。

(5) 函数返回值(function return)：函数执行后，根据需要返回主调函数的值。返回类型定义为void的函数没有返回值。

(6) 函数调用(function call)：当想要执行这个函数时，就需要对函数进行调用。函数调用的格式为“函数名(参数);”，并根据函数定义中的参数列表提供相应的参数值。

(7) 函数原型(function prototype)：告诉编译器函数的类型，使用函数首部加上分号进

行函数原型声明。在本例中，add()函数的实现放在了程序最后，在主函数中调用add()之前，编译器必须知道add的定义形式，因此必须有函数原型。而hello()函数实现在主函数调用hello()函数之前，其本身即可作为函数原型，因此可以不写函数原型。在实际应用中，仍然建议使用函数原型，这是一个函数的概念定义过程，实现之前应该将函数的定义思考清楚。

这里把函数均修饰为static静态类型，这是因为这些函数仅在这个局部的源文件中使用，并未打算公开给所有人。公开的函数往往需要仔细设计其规格，修饰为static可有效防止和其他公共函数发生命名冲突。

6.3 函数参数

6.3.1 形式参数和实际参数

1. 形式参数

在定义函数时，函数名后括号内的参数并不占内存中的存储单元，因此称它们是形式参数或虚拟参数，简称形参，表示它们并不是实际存在的数据。形参在整个函数体内都可以使用，在定义时，编译系统并不分配存储空间，只有在调用该函数时才分配内存单元。调用结束后，内存单元被释放，故形参只有在函数调用时有效，调用结束后不能再使用。

2. 实际参数

实参出现在主调函数中，当调用函数时，主调函数用实参的值对被调函数的形参赋初值，即初始化为实参的值，从而实现函数间的数据传递。因此，C语言里只有按值传递机制，没有按地址传递机制，例如C++的引用传递，如果想改变实参的内容，只能使用指针的机制来实现地址传递的效果。

6.3.2 参数传递

1. 变量作为函数参数

案例 6.2

```
static void swap(int a, int b)
{
  int temp = a;
  a = b;
  b = temp;
}
int main ()
{
   int a = 3, b = 4;
   swap(a,b);
   return 0;
}
```

案例分析：

由于C语言函数只有按值传递，因此实参可以是常量、变量和表达式。值传递的特点

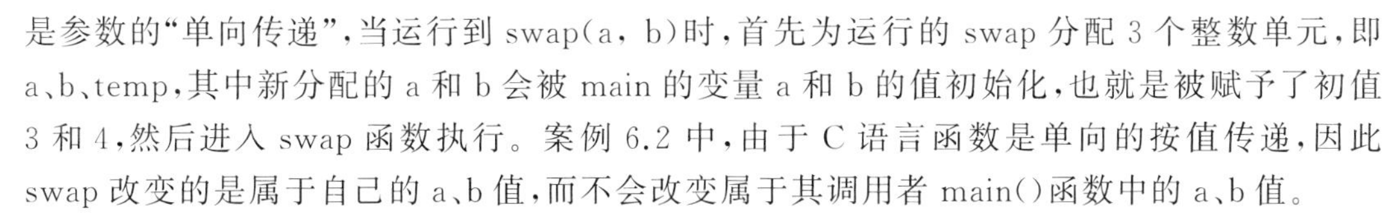

是参数的“单向传递”,当运行到 swap(a, b)时,首先为运行的 swap 分配 3 个整数单元,即 a、b、temp,其中新分配的 a 和 b 会被 main 的变量 a 和 b 的值初始化,也就是被赋予了初值 3 和 4,然后进入 swap 函数执行。案例 6.2 中,由于 C 语言函数是单向的按值传递,因此 swap 改变的是属于自己的 a、b 值,而不会改变属于其调用者 main()函数中的 a、b 值。

2. 指针作为函数参数

针对上述 swap 函数,其本意是将调用者的两个变量进行交换,因此,按值传递显然是错误的,例如传递两个常数 swap(3,4),语法上正确,但两个常数没有交换的概念。为达到此目的,只有传递两个变量的地址,通过地址来操作相应的变量才是正确的。C 语言里有指针的概念,即利用指针来传递地址值,在设计函数时没有像其他语言那样有单独的按地址传送机制。

案例 **6.3**

```
static void swap(int * a,int * b)
{
  int temp = * a;
   * a = * b;
   * b = temp;
}
int main ()
{
    int a = 3, b = 4;
    swap(&a, &b);
    return 0;
}
```

案例分析:

通过传递 a 和 b 的地址到 swap 函数,swap 通过地址来交换这两个地址中的值即可达到交换主函数中 a 和 b 的目的。这样也就理解了常用的 scanf 为什么需要传递变量的地址,这和我们买外卖是一个道理,不提供地址而只提供姓名,外送员显然不知道如何送达。

事实上,除了针对基础数据类型的按值传递,使用指针进行参数或对象的传递是惯用的方式。

案例 **6.4**

```
static void printArray(const int * arr, size_t size)
{
    for (size_t i = 0; i < size; i++)
          printf("%d ", arr[i]);
}
int main (void)
{
    int arr[] = {1,2,3,4};
    printArray(arr, 4);
    return 0;
}
```

案例分析：

这是一个简单的打印数组的实用小函数。数组 int arr[ ]的 arr 的值是这个数组的首地址，因此在调用 printArray(arr, 4)时，传递的是这个数组的首地址，而不是对数组进行整体复制。也正因为此，无论函数的参数书写成 int * arr 还是 int arr[ ]都是一样的，无论怎么写，原始数组的长度都无法直接传递，因此还需要一个参数 size 来指明数组的长度。针对编译器采用的不同数据模型(data model)，其允许的数组最大长度是不同的，size_t 类型是一个重定义的能表示最大数组长度的无符号整数类型，也是惯用的表达数组长度的数据类型，运算符 sizeof、_Alignof(C11 及以后) 和标准宏 offsetof 返回的类型都是 size_t。由于数组传递实际上是传递首地址，因此写成 int * arr 更准确也更普遍。在这里，打印数组不会改变数组的内容，因此使用 const 进行修饰。针对结构对象，除了像坐标点(Point 只有 x，y 坐标)这样的简单结构，均需要使用指针进行传递以减少参数消耗，即便在 64 位的环境，指针类型变量也只有 8 字节，即地址值在传值时最多复制 8 字节，这极大地减少了函数调用传值的运算开销。当然，函数如果不对其参数指针的内容进行改变，则需要使用 const 修饰。

3. 函数作为函数参数

在 C 语言中，函数也可以作为参数进行传递。经过编译后，函数可视为机器指令的数组，其函数名的值是指令数组的第一条指令的地址。因此，当函数作为参数来传递时，即传递首地址。

案例 **6.5**

```
#include <stdio.h>

static int mul(int a, int b)
{
    return a * b;
}
static int div(int a, int b)
{
    return a / b;
}
//函数也可以写为 int exec(int a, int b, int (* fun)(int, int)),二者相同
static int exec(int a, int b, int fun(int, int))
{
    return fun(a, b);                              //和 return (* fun)(a, b);完全相同
}
int main()
{
    //函数作为参数传递时,可直接写其函数名,写 mul 和写 &mul 完全相同
    printf("%d, %d\n", exec(3, 4, mul), exec(3, 4, div));
    return 0;
}
```

案例分析：

打印结果是 120。

在这里，int exec(int a, int b, int fun(int, int))函数原型的第 3 个参数 int fun(int,

int)表示传递的是函数，这个函数需要两个整数参数并返回整数，这种写法很直接，容易让人误解为是不是把函数整体都复制一份传给函数。显然不是，事实上，惯用的写法是直接写成函数指针参数的形式 int exec(int a, int b, int (* fun)(int, int));。在这里，int (* fun)(int,int)的读法是，fun 是一个指针，其指针值是一个带有两个整数参数并返回整数的函数的地址。调用时，exec(3, 4, mul)中的 mul 的值即函数的 mul 的地址，与写成 exec(3, 4, &mul)含义相同。函数地址也可以存储到变量和数组中使用。例如，把 main()函数更改如下：

```
int main()
{
    int ( * funs[2])(int, int) = {mul, div};
    printf("%d, %d\n", exec(3, 4, funs[0]), exec(3, 4, funs[1]));
    return 0;
}
```

更改后的代码的运行结果与上面完全相同。其中，"int (* funs[2])() = {mul, div};"定义了一个函数指针的数组，并被 mul 和 divc 初始化。int (* funs[2])(int, int)的读法是 funs 是一个包含两个元素的数组([2])，这个数组的内容是指针(*)，指针指向的值的类型是需要两个整数参数并返回整数的函数地址值。注意：int * fun()和 int (* fun)()是不同的，前者是函数返回值是整数的指针，后者 fun 是函数指针，这个函数返回整数。

C 语言函数指针的概念为通用程序设计提供了非常灵活的手段，例如标准函数库(需包含 stdlib.h)中排序和查找的两个函数原型为：

```
void qsort(void * base, size_t nmemb, size_t size,
                int ( * compar)(const void * , const void * ));
void * bsearch(const void * key, const void * base,
                size_t nmemb, size_t size,
                int ( * compar)(const void * , const void * ));
```

虽然不如 C++ 相应的算法函数那么清晰，但只要提供了与数组类型对应的比较函数 compar，即可对任意类型的数组进行排序和查找。在很多工程里，虽然使用的是 C 语言，但设计方法依然可以使用面向对象的设计方法，经常使用结构里的函数指针成员来实现 C++ 的虚函数的功能，以实现多态的设计模式。

6.4　函数返回值

函数调用时，利用实参把信息从主调函数传递给被调函数。反过来，函数的返回值可以把函数处理后的信息从被调函数传回主调函数。函数的返回值就是从函数内容传递到函数外部的数据。在函数中，return 后面的值就是函数的返回值，执行函数体时如果遇到 return，return 后面的值就是函数的返回值。例如案例 6.6 中，return 后面就是需要返回的数据。

案例 6.6

```
static int foo(int a, int b)
{
    a = 10;
    b = 20;
    result = a + b;                           //30
    return result;                            //return 30
}
```

案例分析：

不同于 Go 语言，C 语言中的一个函数只能有一个返回值，即一个函数最多只能有一个 return 语句有效，且只能返回其表达式的运算结果。因此，案例 6.7 并不能获得两个返回值。表达式“result1，result2”是逗号运算符，其运算结果为 result2 的值，等同于“return result2；”。函数如果需要得到多个结果，可使用指针参数来接收，或者返回结构对象来达到多值的目的。

案例 6.7

```
static int foo(int a, int b)
{
    int result1 = a + b;
    int result2 = a * b;
    return result1, result2;
}
```

案例分析：

当程序执行到 return 语句时，除了可以返回数据，函数会直接结束。例如案例 6.8 中，函数 fooc3()中执行 return 语句后会直接返回主调函数，最后一行语句不会被执行，即 5 个等号不会被打印。

案例 6.8

```
static int foo(int a,int b)
{
    printf("++++++\n");
    printf("------\n");
    return a + b;
    printf("=====");
}
```

案例分析：

在主调函数中，函数调用表达式的值就是函数的返回值。

当函数返回指针时，一定要特别注意指针的有效性，下面这个例子是一个典型错误。数组 arr 是自动类型的变量，在函数运行完毕后会自动收回，因此返回的地址指向的存储单元已经因被回收而变为无效。这种错误造成的结果是随机的，因为自动变量在栈中，存储单元仍然有效，多数情况下即使回收了，这些值还是暂时存在的，当调用其他函数或定义了一些自动变量后，这些存储单元的内容会相应改变，造成错误的查找比较困难。

```
static int * foo()
{
    int arr[] = {1, 2, 3, 4};
    return arr;
}
```

带状态函数的返回也是需要避免的一种使用方式。如下例中使用了静态变量 count，每次调用 callCounter()函数时，其返回这之前已经被调用的次数。静态变量性质等同全局变量，其代码如下：

```
static int callCounter()
{
    static int count = 0;
    return count++;
}
```

6.5　变量的作用范围

在 C 语言程序中，变量在定义完成后可以使用的范围根据变量作用域的不同，分为全局变量和局部变量两种。

6.5.1　全局变量

C 语言全局变量是定义在函数体外、模块内的变量，它的作用域为整个模块，可以被模块内的所有函数访问。全局变量必须在函数体外定义，而且只能定义一次，且不可以重名。全局变量的作用域为所有函数可访问。如下面的代码中，a、b、x、y 都是在函数外部定义的全局变量。C 语言编译器对代码进行分析时是从前往后依次进行的，由于 x、y 定义在函数 func1() 之后，所以在 func1() 内不直接可见，如果在 fun1()中访问 x、y，必须用“extern float x,y;”来说明外部有局部变量 x、y 存在，然后再对 x、y 进行操作；而 a、b 定义在源程序的开头，所以在 func1()、func2()和 main()函数内直接可见。在程序运行时，所有的全局变量均会在程序开始(main()函数被调用之前)完成其初始化。注意：全局变量即便不写成诸如“int a=0;”这样的形式，也会被初始化为默认值 0，这与局部变量(自动变量)是不同的。

```
int a, b;                                       //全局变量
void func1(){
    …
}
float x, y;                                     //全局变量
int func2(){
    …
}
int main(){
```

```
    ...
    return 0;
}
```

6.5.2 局部变量

定义在函数中的变量就是局部变量。形参也是局部变量。局部变量的作用域为从定义开始到函数结束。在下面的代码中，在 main()函数中定义的变量也是局部变量，只能在 main()函数中使用；同时，main()函数中也不能使用其他函数中定义的变量。main()函数也是一个函数，与其他函数地位平等。

```
int f1(int a)
{
    int b, c;                    //a,b,c 仅在函数 f1()内可见,运行时只有 f1 被调用时有效
    return a + b + c;            //b,c 是局部自动变量,没有初始化则运算结果不定
}
int main()
{
    int m,n;                     //m,n 仅在函数 main()内可见
    return 0;
}
```

实参给形参传值的过程也就是给局部形参变量赋值的过程。可以在不同的函数中使用相同的变量名，它们表示不同的数据，分配不同的内存，互不干扰，也不会发生混淆。在语句块中也可定义变量，它只限于当前语句块内部可见。

6.5.3 局部变量和全局变量的综合示例

对于变量以及标识符制定的其他实体，如函数名等，标识符仅在其作用域(scope)可见。注意：这里采用的词汇是可见(visible)，不是“存在”或“可访问”。同一名称标识符指定的不同实体可以有不同的作用域，分别为文件、函数、块和函数原型。下面的程序演示了不同作用域的同名变量的可见性。

案例 **6.9**

```
#include <stdio.h>

int n = 10;                              //全局变量,标识符 n 具有文件作用域
static void func1()
{
    int n = 20;                          //局部变量,隐藏了全局变量 n,使其不可见
    printf("func1 n: %d\n", n);          //打印的是局部变量 n
}
static void func2(int n)                 //n 在函数列表中,等同局部变量,隐藏全局变量 n
{
    printf("func2 n: %d\n", n);          //打印的是参数 n
}
static void func3()
```

```
{
    printf("func3 n: %d\n", n);          //打印的是全局变量 n
}
int main()
{
    int n = 30;                          //main 里的局部变量,隐藏全局变量 n
    func1();
    func2(n);
    func3();
    {   //程序块由{}包围
        int n = 40;                      //局部变量,隐藏 main 里的 n,更隐藏了全局变量 n
        printf("block n: %d\n", n); //打印的是块中的 n
    }
    {
        extern int n, n1;          //n 和 n1 的全局变量变为可见,隐藏 main 里的局部变量 n
        printf("Access globle n and n1 in block: %d, %d\n", n, n1);
    }
    printf("main n: %d\n", n);          //这里打印的是 main 的局部变量 n
    return 0;
}
int n1 = 50;                  //全局变量定义在最后,默认对上面所有代码不可见,但它运行时存在
```

案例分析：

代码中虽然定义了多个同名变量 n,但它们的作用域不同,在内存中的地址也不同,所以是相互独立的变量,互不影响,不会产生重复定义错误。

(1) func1()输出 20,显然函数内部的 n 可见,隐藏了全局变量 n;func2() 也是相同的情况。当全局变量和局部变量同名时,在局部范围内全局变量被“屏蔽”,不再可见。或者说,变量的使用遵循就近原则,如果在当前作用域中存在同名变量,就不会去更大的作用域中寻找变量。

(2) func3()输出 10,使用的是全局变量,因为在 func3()函数中不存在局部变量 n,所以编译器只能到函数外部,也就是全局作用域中寻找变量 n。

(3) 由“{ }”包围的代码块也拥有独立的作用域,printf()使用自己内部的变量 n 输出 40。

(4) C 语言规定,只能从小的作用域向大的作用域中寻找变量,而不能反过来使用更小的作用域中的变量。对于 main()函数,即使代码块中的 n 离输出语句更近,但它仍然会使用 main()函数开头定义的 n,所以输出结果是 30。

通过变量作用域,可以弥补函数只有一个返回值的问题。如案例 6.10 中,根据长方体的长、宽、高求它的体积以及 3 个面的面积。

(5) 对于全局变量,无论其在何处声明,都可以随时通过 extern 存储修饰词以将其重新变为可见。

案例 6.10

```
#include <stdio.h>
int s1, s2, s3;                                    //面积
```

```
static int vs(int a, int b, int c)
{
    int v;                                          //体积
    v = a * b * c;
    s1 = a * b;
    s2 = b * c;
    s3 = a * c;
    return v;
}
int main()
{
    int v, length, width, height;
    printf("Input length, width and height: ");
    scanf("%d %d %d", &length, &width, &height);
    v = vs(length, width, height);
    printf("v=%d, s1=%d, s2=%d, s3=%d\n", v, s1, s2, s3);
    return 0;
}
```

案例分析：

本例希望借助一个函数得到 4 个值：体积 v 以及 3 个面的面积 s1、s2、s3。由于 C 语言中的函数只能有一个返回值，因此这里的方法是将其中的一份数据，也就是体积 v 放到返回值中，而将面积 s1、s2、s3 设置为全局变量。全局变量的作用域是整个程序，在函数 vs()中修改 s1、s2、s3 的值，在 main()函数中调用 vs 函数后可以获取这些修改。

然而这种方法是典型的全局变量滥用的例子。现在的软件工程往往都比较大，当工程中充斥了全局变量时，一旦出错，查找何时何处因何出现了错误并进行修改是十分困难的工作，这将严重影响开发进度和软件质量，并加速软件退化过程。尤其当下计算机中的 CPU 一般都是多核的，利用多线程进行并行运算是非常普遍的手段，使用了无保护的全局变量(包括静态变量)的函数也称为线程不安全函数，如果大量全局变量的错误修改是因为多线程并行运行造成的，这对于工程来说是灾难性的后果。所以工程里通常只有常量和一次修改的软件运行环境参数可以是全局的，其他情况均需尽可能避免使用全局变量。

即便还没有掌握结构等知识，也至少要将函数修改为不使用全局变量的线程安全的函数形式，虽然结果分别由返回值和参数来实现有点奇怪，但它是完整而独立的存在。例如：

```
static int vs(int a, int b, int c, int * s1, int * s2, int * s3)
{
    int v;                                          //体积
    v = a * b * c;
    * s1 = a * b;
    * s2 = b * c;
    * s3 = a * c;
    return v;
}
```

主函数修改为：

```
int main()
{
    int v, length, width, height, s1, s2, s3;
    printf("Input length, width and height: ");
    scanf("%d %d %d", &length, &width, &height);
    v = vs(length, width, height, &s1, &s2, &s3);
    printf("v=%d, s1=%d, s2=%d, s3=%d\n", v, s1, s2, s3);
    return 0;
}
```

6.6　函数原型

在 ANSI C 标准之前，声明函数的方案有缺陷，因为只需要声明函数的类型，不用声明任何参数，如函数声明语句：

```
int imin();
```

告知编译器 imin()函数返回 int 类型的值。然而，以上函数声明并未给出 imin()函数的参数个数和类型。因此，如果调用 imin()函数时使用的参数个数不对或类型不匹配，编译器无法检查可能存在的问题。在这种情况下，主调函数根据函数调用中的实际参数决定传递的类型，而被调函数根据它的形式参数读取值，因此容易造成函数参数传递的混乱。这种错误只会在运行时刻表现出来，且表现随机，是难以查找的语义错误，这就迫切需要编译器尽可能提前检查出这类错误。

ANSI C 标准要求在函数声明时还要声明变量的类型，即使用函数原型来声明函数的返回类型、参数数量和每个参数的类型。未标明 imax()函数有两个 int 类型的参数，可以使用下面两种函数原型来声明：

```
int imax(int, int);
int imax(int a, int b);
```

第一种形式使用以逗号分隔的类型列表，第二种形式在类型后面添加了变量名。注意，这里的变量名不必与函数定义的形式参数名一致。编译器只在意其类型，即第一种形式即可。但是在程序设计过程中，需要让函数的使用者更好地理解参数的含义，第二种形式更加清晰。

有了参数类型和数量信息，编译器可以检查函数调用是否与函数原型匹配，参数的数量是否正确，参数的类型是否匹配。以 imax()函数为例，如果两个参数都是数字，但是类型不匹配，则编译器会把实际参数的类型转换成形式参数的类型。

例如，imax(3.0, 5.0)会被转换成 imax(3, 5)。注意案例 6.11 中的函数声明语句。

案例 6.11

```
//使用函数原型
#include <stdio.h>
```

```
static int imax(int, int);                    //函数原型
int main()
{
    printf("The maximum of %d and %d is %d.\n", 3, 5, imax(3));
    printf("The maximum of %d and %d is %d.\n", 3, 5, imax(3.0, 5.0));
    return 0;
}
static int imax(int n, int m)
{
    return (n > m ? n : m);
}
```

案例分析：

编译案例 6.11 时，编译器给出调用的 imax()函数参数太少的错误信息。

如果是类型不匹配会怎样？为探索这个问题，用 imax(3，5)替换 imax(3)，然后再次编译该程序。这次编译器没有给出任何错误信息，程序的输出如下：

```
The maximum of 3 and 5 is 5.
The maximum of 3 and 5 is 5.
```

说明第二次调用中的 3.0 和 5.0 被转换成了 3 和 5，以便函数能正确地处理输入。

虽然没有错误消息，但是编译器还是给出了警告：double 转换成 int 可能会导致丢失数据。例如，下面的函数调用：

```
imax(3.9, 5.4)
```

相当于

```
imax(3, 5)
```

错误和警告的区别是：错误导致无法编译，而警告仍然允许编译。一些编译器在进行类似的类型转换时不会通知用户，因为 C 标准中对此未作要求。不过，许多编译器都允许用户选择警告级别来控制编译器在描述警告时的详细程度。

使用函数原型是为了让编译器在第一次执行到该函数之前就知道如何使用它。因此，把整个函数定义放在第一次调用该函数之前也有相同的效果。此时，函数定义相当于函数原型。

作为对比，使用 K&R C 的语法习惯重写上述程序：

```
#include <stdio.h>
main()                  /* 主函数,默认返回 int */
{
    extern imax();      /* 有一外部函数 imax,返回整数,有若干未知参数 */
    printf("The maximum of %d and %d is %d.\n", 3, 5, imax(3, 5));
    printf("The maximum of %d and %d is %d.\n", 3, 5, imax(3.0, 5.0));
                        /* K&R C 在没有 return 的情况下,宿主环境得到的返回值不确定 */
```

```
}
imax(a, b)              /* 函数 imax,返回整数,有参数 a 和 b,这个写法起不到原型的作用 */
    int a, b;           /* a 和 b 都是整数。这行也可以没有,a、b 默认都是整数 */
{
    return a > b ? a : b;
}
```

编译时会有警告,但会正常生成可执行程序,其运行结果是:

```
The maximum of 3 and 5 is 5.
The maximum of 3 and 5 is -2015276496.
```

由于 imax 需要整数,当浮点数传递给 imax 时,因为没有函数原型,所以编译时不会进行浮点数到整数的默认转换,于是才出来了-2015276496 这个奇怪的结果。

值得注意的是,main()函数里的 extern imax()这句话的意思是外部有函数 imax,返回整数,但参数不定,编译器要求也很低,只要知道 imax 这个标识符代表一个函数即可。在 ANSI 标准出现之前,K&R C 就已经流行了十多年,存在大量类似写法的代码。因此,ANSI 中决定 int foo()这种写法不具备函数原型的功能,表示的是 foo 函数里参数不定,以便兼容这些老代码。这与 C++ 不同,C++ 在参数集不写明的情况下表示没有参数,即调用时如果写成 imax(3,5),编译器则会报参数不匹配错误。在 ANSI C 中函数原型中,表示没有参数的函数原型的写法是 int foo(void),但是这种写法却一直没有得到程序员的广泛认可,即便是严谨的程序员,也只会全局函数原型中这样书写,函数实现时会选择性忽略,因为根据函数的调用机制,即使调用时多了参数,也不会出现什么后遗症。经过 30 年的变迁,用 K&C 规格写的留存代码已经非常罕见了,即便是老码农看到了 K&C 风格的代码,也只会感叹时光荏苒。终于,C23 标准里对此重新做出了修正,终结了这个历史——函数原型 int foo()与 C++ 标准相同表示没有参数,等同于老的 int foo()写法变成了 int foo(...),这样可以通过工具来迁移老的 K&R C 代码到 C23。注意,int foo(...)在 C23 之前是错误形式。

6.7　递归

递归函数是一种在函数内部调用自身的函数。递归可以有效地将一个大问题分解为小问题,然后将小问题的解决方式组合成大问题的解决方式。

6.7.1　函数的调用过程

在执行时刻,函数的调用过程由 CPU 的指令和硬件来管理,函数调用、参数传递与自动变量的分配、函数返回(包括返回值和地址)等机制均通过一个称为栈的结构来实现。栈的结构类似于子弹夹,先推入的子弹最后射击,栈的数据就相当于这个子弹夹,因此也称为先进后出结构(FILO)。下面通过一个简单的例子来说明。

案例 **6.12**

```
#include <stdio.h>
```

```
static double square(double x)
{
    return x * x;
}
static double cube(double x)
{
    return x * square(x);
}
int main()
{
    double y;
    y = cube(3);
}
```

案例分析：

在运行时刻，当运行到主函数内时会建立一个栈帧，栈帧包括函数的所有参数、里面的自动变量、调用者的返回地址（main 函数结束后需要返回的执行地址），以及返回值。函数对栈帧的访问只需要根据栈帧的起始值加上各个参数的相对位置即可，栈帧的结构是由编译器的应用二进制接口规范（ABI）来编排的，不同的语言，如 Go、C、Rust、汇编语言，只要编译出的函数按统一 ABI 组织即可混合使用。当运行至 y = cube(3)时，首先在主函数栈帧上创建一个新的栈帧，这个栈帧包括参数 x，以及返回地址和返回值变量，并用 3 初始化这个栈帧里的 x 参数，当栈帧建立好后，将程序执行点跳至 cube 所指向的位置，开始了 cube 的调用。在 cube 里还需要调用 square，和调用 cube 函数一样创建 square 所需的栈帧，并用 cube 栈帧中 x 的值初始化 square 的参数 x，然后跳转至 square 函数处执行。当 square 计算完毕后，将值放在栈帧的返回值位置，回到当初 cube 调用 square 后的位置，然后将返回值继续与 x 相乘，并弹出 square 的栈帧。同样，cube 完成后转到 main 调用 cube 处，把返回值赋予 y 再弹出 cube 的栈帧，如图 6.1 所示。

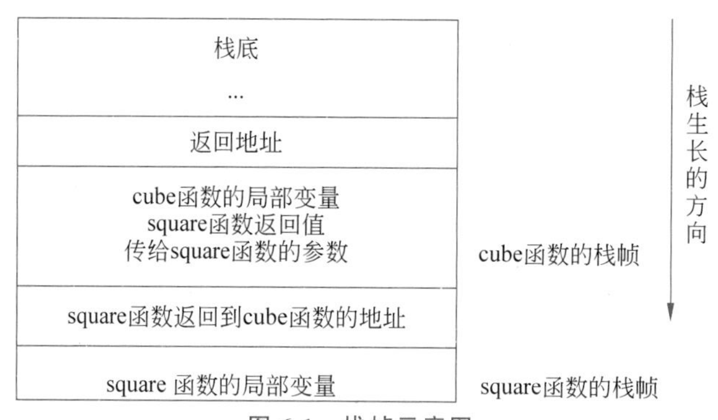

图 6.1　栈帧示意图

因此，根据函数的调用机理，每次函数的调用都会建立一个包含其参数和局部自动变量的栈帧集合与之对应，函数的指令集合和数据是分离的，而函数名的值表示运行时刻函数指令集合的地址，只有能访问到这个地址，才可以任意调用。在函数内，这个值肯定可见，因此自身也可以调用自身。案例 6.13 描述了一个函数调用自身的例子。

案例 6.13

```
#include <stdio.h>

static int printLoop(int x)
{
    printf("%d\n", x);
    printLoop(x + 1);
}
int main()
{
    printLoop(0);
}
```

案例分析：

printLoop 函数首先打印 x，然后调用自己打印 x+1，以此不断循环，但实际运行的结果却无法达到无限，在笔者的环境下，打印到 261896 后即报告错误而终止运行。这个段错误是因为栈空间被撑满而无法继续运行，这就是著名的栈溢出(stack overflow)。我们把 printLoop 函数修改一下，增加一个只占栈空间的 4K 数组：

```
static int printLoop(int x)
{
    char reserved[4096];
    printf("%d\n", x);
    printLoop(x + 1);
}
```

重新运行后，在笔者的环境下运行到打印 2021 后即报段错误而终止，这说明栈的尺寸并不大。栈的尺寸由两个因素决定：

(1) 操作系统的默认栈尺寸，例如国产化/Linux 系统下，可以使用 ulimit 命令来查看和修改这个值，笔者的系统 ulimit -s 显示的值是 8MB，因此第二个例子可以执行到 2021 次，每次调用需要 4K 多一点的栈空间。

(2) 通过改变编译器的参数来改变这个值。例如微软的 C 编译器，其栈的大小默认是 1MB。

6.7.2 递归的概念

虽然递归调用的极限并不高，但仍然非常有用。例如求 n 的阶乘，对于 32 位有符号整数，其最大表示的值为 2147483647，12！=479001600，而 13！=6227020800 大于整数所能表达的最大值，即便用 64 位长整数 long long 类型也是杯水车薪，因为 21！就超越了 long long 的范围，我们用递归方法写一个阶乘算法是没有问题的，因为递归的深度最多为 13。例如：

```
static int factorial(int x)
{
    assert(x < 13);                    //确保 x<13,否则溢出,仅在调试建造起作用
```

```
    if (x <= 1)                              //为递归条件,当 x<=1 时终止递归循环
        return 1;
    return x * factorial(x - 1);            //递归过程,x-1 确保收敛到尾条件
}
```

注意：实现中演示了断言的用法，其只在调试建造时起作用。在发布建造时，因为定义了 NDEBUG 的预处理宏而被屏蔽，从而不影响程序的运行。

对于初学者，建议把终止循环的递归尾条件判断放在函数的最前面，其和递归过程并不是 if else 关系，因此也无须写成 if else 的形式，以免造成误解。

这个递归实现与 n 的阶乘数学定义一致：当 n 小于或等于 1 时，其值为 1；否则，其值为 n 乘以 n－1 的阶乘。在数学里，这种递归类型的问题非常多，例如著名的欧几里得最大公约数问题。

a 与 b 的最大公约数：

(1) 当 b 为 0 时，其结果为 a；

(2) 否则，a 与 b 的最大公约数等于 b 和 a mod b 的最大公约数。

根据其定义，该最大公约数的递归算法如下：

```
static int gcd(int a, int b)
{
    if (!b)
        return a;
    return gcd(b, a % b);
}
```

从上面的例子中可以看出，递归存在两个条件：

(1) 存在递归结束的限制条件，当满足这个限制条件时，递归便不再继续，这个条件称为尾递归条件；

(2) 在递归调用过程中有一个趋势，即每次递归调用之后，越来越接近递归结束的尾条件，并最终收敛于尾递归条件，否则将产生栈溢出错误。这个收敛过程需要比较快，以防止栈溢出错误。

6.7.3 递归函数示例

案例 6.14 有 5 个学生在一起，问第 5 个学生多少岁，他说他比第 4 个学生大 2 岁；问第 4 个学生多少岁，他说比第 3 个学生大 2 岁……最后问第一个学生，他说是 10 岁。请问第 5 个学生多少岁。

按照通常的思路：age1 ＝ 10；age2 ＝ age1 ＋ 2；…；age5 ＝ age4 ＋ 2；，则可以通过 for 循环解决问题。

```
#include <stdio.h>
int main()
{
    int age[5] = {10};
```

```
    for(int i = 0; i < 4; i++)
        age[i + 1] = age [i] + 2;
    printf("the fifth student's age is %d\n", age[4]);
    return 0;
}
```

除此之外，可以不采用数组，利用下面的方法实现也是比较简单的。

```
static int getAge(int n)
{
    int a = 10;
    for (int i = 1; i < n; i++)
        a += 2;
    return a;
}
int main()
{
    printf("the fifth student's age is %d\n", getAge(5));
    return 0;
}
```

案例分析：

若求第 5 个学生的年龄，就必须先知道第 4 个学生的年龄，而第 4 个学生的年龄也不知道，若求第 4 个学生的年龄必须知道第 3 个学生的年龄，而第 3 个学生的年龄又取决于第 2 个学生的年龄，第 2 个学生的年龄取决于第 1 个学生的年龄。而每 1 个学生的年龄都比其前一个学生的年龄大 2 岁。即

```
age(5) = age(4) + 2; age(4) = age(3) + 2; age(3) = age(2) + 2; age(2) = age(1) + 2;
age(1) = 10;
```

可以用数学公式表达如下：

```
age(n)= 10; (n = 1)
age(n)= age(n-1) + 2(n > 1)
```

显然，这是一个递归问题。求解可分为两个阶段：第一阶段是“递推”，即将第 n 学生的年龄表示为第 n－1 个学生的函数，而第 n－1 个学生的年龄仍然不知道，还要“递推”到第 n－2 个学生的年龄，直到第 1 个学生的年龄。此时 age(1)已知，不必再向前推了。然后开始第二阶段，采用“回归”方法，从第 1 个学生的已知年龄推算出第 2 个学生的年龄(12 岁)，从第 2 个学生的年龄推算出第 3 个学生的年龄(14 岁)，一直推算出第 5 个学生的年龄(18 岁)为止。也就是说，一个递归问题可以分为“递归”和“回归”两个阶段。要经历若干步才能求出最后的值。显而易见，如果要求递归过程不是无限制地进行下去，必须具有一个结束递归过程的条件，age(1)＝10 就是使递归结束的条件。

```
static int useRecursiveToGetAge(int n)
{
```

```
    if (n == 1) {
        return 10;
    return useRecursiveToGetAge(n - 1) + 2;
    }
int main(){
    printf("the fifth student's age is %d\n",useRecursiveToGetAge(5));
    return 0;
}
```

函数递归调用的开销比循环要大得多,而且其递归的深度是有限制的。在实际应用中,如果对性能要求高或者递归深度太大,则需要转换成非递归实现,但这并不妨碍使用递归的思想去思考算法,当遇到多重递归问题时,通过递归算法可快速找到答案,例如著名的汉诺塔问题,其非递归实现将复杂得多,而递归实现十分简洁。

案例 6.15

```
#include <stdio.h>
static void hano(int a, int b, int c, int n)
{
    if (n <= 0)                          //尾条件,如果是 0 个盘子,则什么都不做
        return;
    hano(a, c, b, n - 1);                //递归调用函数,a 上的 n-1 个盘子移到 b
    printf("%d->%d\n", a, c);            //将 a 上最后的盘子移到 c
    hano(b, a, c, n - 1);                //递归调用函数,将以前 b 上的 n-1 个盘子移到 c
}
int main()
{
    int n;
    scanf("%d", &n);
    hano(1, 2, 3, n);
    return 0;
}
```

案例分析:

这是一个典型的最简双重递归,其递归算法可归纳如下。

(1) 如果盘子数为 0,则不做任何事情。

(2) 否则,找玩家将 a 柱上的 n－1 个盘子通过 c 移动到 b,移动 a 最下面的盘子到 c,然后再找玩家将 b 上的 n－1 个盘子通过 a 柱移动到 c 柱。

注意: 这里用了"玩家"这个词,函数每次递归调用都是一个独立的实例,等同于找一个新玩家去做这个工作,当然,这个新玩家还会找别的玩家帮忙。

6.8 公有函数

在前面的例子里,通常都将函数修饰为 static 供自己局部使用。在一个团队里,更希望共用高质量的代码,从而减少重复造车轮这种不必要的重复劳动。对于函数,这就是公有函数。常用的 scanf、printf 等标准函数均是公有函数。在一个项目里,这些公有函数还是远

远不够的，它只提供了基础的函数以及操作系统调用接口的函数，例如标准库里没有求最大公约数的函数，但又非常常用，希望整个团队都共享一个最大公约数的实现，就需要使用多个文件来实现这个目的。

mygcd.h 文件的内容：

```
#ifndef MYGCD_H
#define MYGCD_H

#ifdef __cplusplus
extern "C" {
#endif

/**
 * 计算两个整数 a 与 b 的最大公约数
 * @param a 整数 a
 * @param b 整数 b
 * @return a 与 b 的最大公约数
 */
int my_gcd(int a, int b);

#ifdef __cplusplus
}
#endif

#endif //MYGCD_H
```

这里的#ifndef MYGCD_H、#define MYGCD_H、#endif //MYGCD_Hs 是头文件的惯用书写方法，用来防止头文件被多次包含而造成符号的重复定义问题。还有一种简洁方法是使用#progma once 来达到同样的目的，尽管主流的 C 语言编译器均支持此特性，但一直没有被标准采纳，因此还是建议使用前者。

```
#ifdef __cplusplus
extern "C" {
#endif
...
#ifdef __cplusplus
}
#endif
```

这段定义是为了让 C++ 的源程序也可以正确包含此头文件，在这之间的函数即便包含在 C++ 的源文件里，其函数名的命名规则等仍然使用 C 语言的规则，而不使用 C++ 的规则，从而保持其与 C 语言规则的一致性。通常，IDE 工具在新建头文件时会自动按照模板生成上述代码，只需要在中间插入自己的一些定义和函数原型即可。

函数原型"int my_gcd(int a, int b);"不能使用 static 修饰，否则其就不是全局函数。由于 C 语言没有 C++ 的名字空间的语言特性，因此为了避免重名，一种常见的全局函数命名形式是"模块名_函数名"或"模块名_子模块名_函数名"，各部分小写并用下画线隔开，这里用 my 来模拟表示模块名。

mygcd.c 文件的内容：

```
#include "mygcd.h"

int my_gcd(int a, int b)
{
    while(b) {
        int t = a % b;
        a = b;
        b = t;
    }
    return a < 0 ? -a : a;
}
```

另起一个 mygcd.c 文件来实现 gcd 函数。注意：这里的#include “mygcd.h”使用双引号而不是单括号，只需要让 mygcd.h 与 mygcd.c 在同一目录下即可。

testgcd.c 文件的内容：

```
#include <stdio.h>
#include "mygcd.h"

int main()
{
    int a, b;
    scanf("%d%d", &a, &b);
    printf("GCD(%d,%d)=%d\n", a, b, my_gcd(a, b));
    return 0;
}
```

最后编写主函数所在的 testgcd.c，实现函数 my_gcd 的调用测试。

由于是多个文件组成的工程，因此需要一个建造系统来管理这些文件。通常使用的 IDE 都有工程管理能力，可以将上述文件包含到工程里，然后建造全部即可完成所有文件的编译和链接。

如果没有使用 IDE，这里给出一个简单的 makefile 的例子，适用于国产化操作系统/Linux 系统等，也可以在 Windows 下的 MingW 工具链中使用。当工程更加复杂时，可以选用 CMake/Meson 等现代建造工具来管理这些工程。

makefile 文件的内容：

```
OBJS=mygcd.o testgcd.o

testgcd:${OBJS}
    cc -o testgcd ${OBJS}
%.o:%.c
    cc -c $<
clean:
    rm -rf *.o testgcd
```

编辑这个文件时，一定要小心 cc 前的缩进必须使用 Tab 键而不可以使用空格键，这与 C 语言的规则是不同的。这仅仅是一个简单的示例，编译优化参数等很多选项均未设定，真正使用 makefile 建造真实的工程还需要自行学习 makefile 的知识。一切准备就绪后，只需要在 makefile 所在的目录下执行 make 命令，编译和链接即可自动完成，生成名为 testgcd 的可执行程序。

6.9　本章小结

函数可以作为组成大型程序的构件块。每个函数都应该有一个单独且定义好的功能。使用参数把值传给函数，使用关键字 return 把值返回给函数，在函数定义和函数原型中指定函数的类型。

函数参数传递是按值传递机制设计的，但可以通过传递指针来实现按地址传递的功能，甚至可以将函数作为指针参数来传递。如果需要在被调函数中修改主调函数的变量，则可以使用指针作为参数，返回指针时一定要注意其生命周期。

ANSI C 开始提供了函数原型声明，允许编译器验证函数调用中使用的参数个数和类型是否正确。

递归的算法思想非常重要，尽管很多情况下在实现时可能需要转换为非递归实现，这是必须掌握的一种思考模式。

6.10　课后习题

1. 实际参数和形式参数的区别是什么？

2. 设计一个函数，返回两整数之和。

3. 如果把习题 2 改成返回两个 double 类型的值之和，应如何修改函数？

4. 设计一个名为 alter()的函数，接收两个 int 类型的变量 x 和 y，把它们的值分别改成两个变量之和以及两个变量之差。

5. 下面的函数定义是否正确。

```
void salami(num)
{
int num, count;
for (count = 1; count <= num; num++)
printf(" O salami mio!\n");
}
```

6. 编写一个函数，返回 3 个整数参数中的最大值。

7. 编写一个函数，接收 3 个参数：一个字符和两个整数。字符参数是待打印的字符，第一个整数指定一行中打印字符的次数，第二个整数指定打印指定字符的行数。编写一个调用该函数的程序。

8. 两数的调和平均数这样计算：先得到两数的倒数，然后计算两个倒数的平均值，最后取计算结果的倒数。编写一个函数，接收两个 double 类型的参数，返回这两个参数的调和平均数。

9. 编写并测试 Fibonacci()函数，该函数用循环代替递归计算斐波那契数列。

10. 用递归和非递归的方法设计函数，求 n!。

第 7 章　数组和指针

7.1　本章内容

本章介绍以下内容：

- 关键字：const。
- 运算符：&、*（一元）。
- 如何创建并初始化数组。
- 指针、指针和数组的关系。
- 编写处理数组的函数。
- 二维数组。

本章将进一步介绍如何使用数组，着重分析如何编写处理数组的函数，这种函数把模块化编程的优势应用到数组中。通过本章的学习，读者将明白数组和指针关系密切。

7.2　数组

7.2.1　定义数组

假如需要输出一个 4×4 的整数矩阵，如案例 7.1 所示。

案例 7.1

```
#include <stdio.h>
int main()
{
    int a1=20, a2=345, a3=700, a4=22;
    int b1=56720, b2=9999, b3=20098, b4=2;
    int c1=233, c2=205, c3=1, c4=6666;
    int d1=34, d2=0, d3=23, d4=23006783;
    printf("%-9d %-9d %-9d %-9d\n", a1, a2, a3, a4);
    printf("%-9d %-9d %-9d %-9d\n", b1, b2, b3, b4);
    printf("%-9d %-9d %-9d %-9d\n", c1, c2, c3, c4);
    printf("%-9d %-9d %-9d %-9d\n", d1, d2, d3, d4);
    return 0;
}
```

案例分析：

矩阵共有16个整数，程序中为每个整数定义了一个变量。那么，为了减少变量的数量，让开发更有效率，能不能为多个数据定义一个变量呢？即通过一个变量把每行的整数放在一个变量里面，或者把16个整数全部放在一个变量里面。解决这个问题，可以使用数组(array)。

把数据放入内存，必须先分配内存空间。放入4个整数，就要分配4个int类型的内存空间：

```
int a[4];
```

在内存中分配了4个int类型的内存空间。我们把这样的一组数据的集合称为数组(array)，它所包含的每一个数据叫作数组元素(element)，所包含的数据的个数称为数组长度(length)，例如“int a[4];”就定义了一个长度为4的整型数组，名字是a。

7.2.2 初始化数组

数组是一个整体，它的内存是连续的；也就是说，数组元素之间是相互挨着的、连续的。图7.1演示了“int a[4];”在内存中的存储情形。

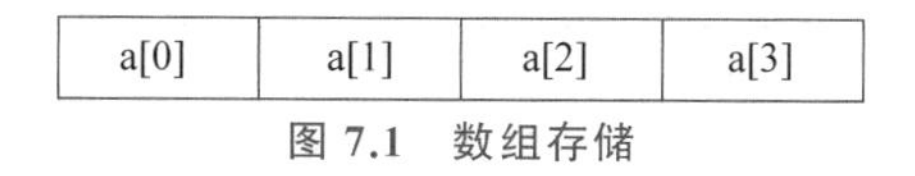

图7.1 数组存储

连续的内存为指针操作，如通过指针来访问数组元素，这样做也为内存处理，如整块内存的复制、写入等提供了便利，使得数组可以作为缓存使用。

在使用数组时，可以先定义数组，再给数组元素赋值，例如：

```
int a[4];
a[0]=20;
a[1]=345;
a[2]=700;
a[3]=22;
```

也可以在定义数组的同时赋值，例如：

```
int a[4] = {20,345,700,22};
```

数组元素的值由“{ }”包围，各个值之间以“,”分隔。

对于数组的初始化，需要注意以下几点。

(1) 可以只给部分元素赋值。当“{ }”中值的个数少于元素个数时，只给前面部分元素赋值。例如：

```
int a[10]={12, 19, 22, 993, 344};
```

表示只给a[0]～a[4]这5个元素赋值，而后面5个元素自动初始化为0。

当赋值的元素少于数组总体元素时，剩余的元素将进行自动初始化：

对于short、int、long，就是整数0；

对于 char，就是字符 '\0'；

对于 float、double，就是小数 0.0。

还可以通过下面的形式将数组的所有元素初始化为 0：

```
int nums[10] = {0};
char str[10] = {0};
float scores[10] = {0.0};
```

注意：C++ 和 C23 标准允许使用"int nums[10] = {}"代替"{0}"来全部初始化为 0，但 C23 之前不可以这么写。

由于剩余的元素会自动初始化为 0，所以只需要给第 0 个元素赋值为 0 即可。

（2）只能给元素逐个赋值，不能给数组整体赋值。例如给 10 个元素全部赋值为 1，只能写作：

```
int a[10] = {1, 1, 1, 1, 1, 1, 1, 1, 1, 1};
```

而不能写作

```
int a[10] = 1;
```

（3）如果给全部元素赋值，那么在定义数组时可以不给出数组长度。例如：

```
int a[] = {1, 2, 3, 4, 5};
```

等价于

```
int a[5] = {1, 2, 3, 4, 5};
```

最后，借助数组来输出一个 4×4 的矩阵，如案例 7.2 所示。

案例 7.2

```
#include <stdio.h>
int main()
{
    int a[4] = {20, 345, 700, 22};
    int b[4] = {56720, 9999, 20098, 2};
    int c[4] = {233, 205, 1, 6666};
    int d[4] = {34, 0, 23, 23006783};
    printf("%-9d %-9d %-9d %-9d\n", a[0], a[1], a[2], a[3]);
    printf("%-9d %-9d %-9d %-9d\n", b[0], b[1], b[2], b[3]);
    printf("%-9d %-9d %-9d %-9d\n", c[0], c[1], c[2], c[3]);
    printf("%-9d %-9d %-9d %-9d\n", d[0], d[1], d[2], d[3]);
    return 0;
}
```

案例分析：

利用 4 个一维数组，每个数组含有 4 个元素，在定义数组的同时初始化数组。注意，在定义数组时，中括号中的数据表示数组元素的个数，如“int a[4];”中的 4 表示数组 a 有 4 个元素；而在调用数组元素时，中括号内的数据表示下标，如“printf("%-9d", a[0])”中 a[0] 的 0 表示数组 a 中下标为 0 的元素。

7.2.3 数组元素赋值

数组中的每个元素都有一个序号，这个序号从 0 开始，而不是从熟悉的 1 开始，称为下标(index)。使用数组元素时，指明下标即可，形式为：

```
arrayName[index];
```

arrayName 为数组名称，index 为下标。例如，a[0] 表示下标为 0 的元素，a[3] 表示下标为 3 的元素。把第一行的 4 个整数放入数组：

```
a[0]=20;
a[1]=345;
a[2]=700;
a[3]=22;
```

这里的 0、1、2、3 就是数组下标，a[0]、a[1]、a[2]、a[3] 就是数组元素。

一般使用循环结构将数据放入数组，然后使用循环结构输出，案例 7.3 展示了如何将 1～10 这十个数字放入数组。

案例 7.3

```
#include <stdio.h>
int main()
{
    int nums[10];
    //将 1~10 放入数组中
    for(int i = 0; i < 10; i++)
        nums[i] = i + 1;

    //依次输出数组元素
    for(int i = 0; i < 10;  i++)
        printf("%d ", nums[i]);
    return 0;
}
```

案例分析：

变量 i 既是数组下标，也是循环条件；将数组下标作为循环条件，达到最后一个元素时就结束循环。数组 nums 的最大下标是 9，也就是不能超过 10，所以规定循环的条件是 i<10，一旦 i 达到 10，就结束循环。

更改上面的代码，让用户输入 10 个数字并放入数组中：

```
#include <stdio.h>
int main(){
```

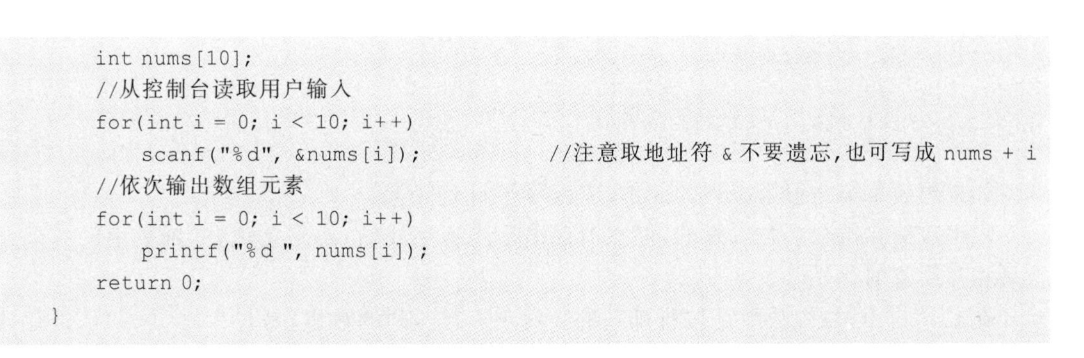

```
    int nums[10];
    //从控制台读取用户输入
    for(int i = 0; i < 10; i++)
        scanf("%d", &nums[i]);          //注意取地址符 & 不要遗忘,也可写成 nums + i
    //依次输出数组元素
    for(int i = 0; i < 10; i++)
        printf("%d ", nums[i]);
    return 0;
}
```

第 8 行代码中，scanf()读取数据时需要一个地址，地址用来指明数据的存储位置，而 nums[i] 表示一个具体的数组元素，所以要在前边加“&”来获取地址。另外，nums 的值是数组第一个元素的地址，因此也可以写成 nums + i，等同于 &nums[i]。

7.2.4　数组下标边界

在使用数组过程中，需要注意以下几点。

(1) 数组中每个元素的数据类型必须相同，对于 int a[4];，每个元素必须为 int。

(2) 数组长度 length 最好是整数或者常量表达式，例如 10、20 * 4 等，这样在所有编译器下都能运行通过；如果 length 中包含变量，例如 n、4 * m 等，则表示变长数组 VLA，并不是所有编译器都实现了这个功能，这一点将在变长数组一节专门讨论。

(3) 访问数组元素时，下标的取值范围为 $0 \leqslant index < length$，过大或过小都会越界，导致数组溢出，发生不可预测的情况，这是一类比较难查的错误，需要特别注意。

7.3　二维数组

当数组只有一个下标时，称为一维数组，可以看作一行连续的数据。在实际问题中，有很多数据是二维的或多维的。C 语言允许构造多维数组。多维数组元素有多个下标，以确定它在数组中的位置。这里只讲解二维数组，多维数组与二维数组类似。

7.3.1　二维数组的定义

二维数组定义的一般形式是：

```
datatype arrayName[length1][length2];
```

其中，datatype 为数据类型，arrayName 为数组名，length1 为第一维下标的长度，length2 为第二维下标的长度。

可以将二维数组看作一个二维表格，有行有列，length1 表示行数，length2 表示列数，要在二维数组中定位某个元素，必须同时指明行和列。例如：

```
int a[3][4];
```

定义了一个 3 行 4 列的二维数组，共有 3×4=12 个元素，数组名为 a，即

```
a[0][0], a[0][1], a[0][2], a[0][3]
a[1][0], a[1][1], a[1][2], a[1][3]
a[2][0], a[2][1], a[2][2], a[2][3]
```

如果想表示第 2 行第 1 列的元素，应该写作 a[1][0]。

二维数组在概念上是二维的，但在内存中是连续存放的；换句话说，二维数组的各个元素是相互挨着的。

在 C 语言中，二维数组是按行排列的。对于 3 行 4 列的数组，是先存放 a[0]行，再存放 a[1]行，最后存放 a[2]行；每行中的 4 个元素也是依次存放。假如数组 a 为 int 类型，每个元素占用 4 字节，则整个数组共占用 4×(3×4)=48 字节。

二维数组是一维数组分多段构成的，每段一行。

案例 7.4 一个学习小组有 5 个人，每个人有 3 门课程的考试成绩，要求该小组各科的平均分和总平均分，如表 7.1 所示。

表 7.1 某小组成绩

—	Math	C	English
张三	80	75	92
王华	61	65	71
李丽	59	63	70
赵五	85	87	90
周六	76	77	85

可以定义一个二维数组 a[5][3]存放 5 个人 3 门课的成绩，定义一个一维数组 v[3] 存放各科平均分，再定义一个变量 average 存放总平均分。

```
#include <stdio.h>
int main()
{
    int i, j;                    //二维数组下标
    int sum = 0;                 //当前科目的总成绩
    int average;                 //总平均分
    int v[3];                    //各科平均分
    int a[5][3];                 //用来保存每个同学各科成绩的二维数组
    printf("Input score:\n");
    for (i = 0; i < 15; i++)
        scanf("%d", a[0] + i); //输入每个同学的各科成绩,连续排列,演示分解为一维处理
    for(i = 0; i < 3; i++){
        for(j = 0; j < 5; j++){
            sum += a[j][i];      //计算当前科目的总成绩
        }
        v[i]=sum / 5;            //当前科目的平均分
        sum=0;
```

```
    }
    average = (v[0] + v[1] + v[2]) / 3;
    printf("Math: %d\nC Languag: %d\nEnglish: %d\n", v[0], v[1], v[2]);
    printf("Total: %d\n", average);
    return 0;
}
```

案例分析：

程序使用了一个嵌套循环来读取所有学生所有科目的成绩。在内层循环中依次读入某一门课程的各个学生的成绩，并把这些成绩累加起来，退出内层循环，进入外层循环后再把该累加成绩除以 5 送入 v[i]中，这就是该门课程的平均分。外层循环共循环 3 次，分别求出三门课程各自的平均成绩并存放在数组 v 中。所有循环结束后，把 v[0]、v[1]、v[2]相加除以 3 就可以得到总平均分。

7.3.2　二维数组的初始化与赋值

二维数组的初始化可以按行分段赋值，也可按行连续赋值。例如，对于数组 a[5][3]，按行分段赋值应该写作：

```
int a[5][3]={ {80,75,92}, {61,65,71}, {59,63,70}, {85,87,90}, {76,77,85} };
```

按行连续赋值应该写作：

```
int a[5][3]={80, 75, 92, 61, 65, 71, 59, 63, 70, 85, 87, 90, 76, 77, 85};
```

这两种赋初值的结果是完全相同的。

案例 7.5　在案例 7.4 的基础上，依然求各科的平均分和总平均分，不过本例要求在初始化数组时直接给出成绩。

```
#include <stdio.h>
int main(){
    int i, j;                                    //二维数组下标
    int sum = 0;                                 //当前科目的总成绩
    int average;                                 //总平均分
    int v[3];                                    //各科平均分
    int a[5][3] = {{80,75,92}, {61,65,71}, {59,63,70}, {85,87,90}, {76,77,85}};
    for(i=0; i<3; i++){
        for(j=0; j<5; j++){
            sum += a[j][i];                      //计算当前科目的总成绩
        }
        v[i] = sum / 5;                          //当前科目的平均分
        sum = 0;
    }
    average = (v[0] + v[1] + v[2]) / 3;
    printf("Math: %d\nC Languag: %d\nEnglish: %d\n", v[0], v[1], v[2]);
```

```
    printf("Total: %d\n", average);
    return 0;
}
```

案例分析：

根据解决的实际问题，充分利用数组下标和循环变量的关系提升解决问题的效率。

对于二维数组的初始化，还要注意以下几点。

（1）可以只对部分元素赋值，未赋值的元素自动取“0”值。例如：

```
int a[3][3] = {{1}, {2}, {3}};
```

是对每一行的第一列元素赋值，未赋值的元素的值为0。赋值后各元素的值为

```
1  0  0
2  0  0
3  0  0
```

再如：

```
int a[3][3] = {{0,1}, {0,0,2}, {3}};
```

赋值后各元素的值为

```
0  1  0
0  0  2
3  0  0
```

（2）如果对全部元素赋值，那么第一维的长度可以不给出。例如：

```
int a[3][3] = {1, 2, 3, 4, 5, 6, 7, 8, 9};
```

可以写为

```
int a[][3] = {1, 2, 3, 4, 5, 6, 7, 8, 9};
```

（3）二维数组可以看作由一维数组嵌套而成的；如果一个数组的每个元素又是一个数组，那么它就是二维数组。当然，前提是各个元素的类型必须相同。根据这样的分析，一个二维数组也可以分解为多个一维数组，C语言允许这种分解。

例如，二维数组a[3][4]可分解为3个一维数组，它们的数组名分别为a[0]、a[1]、a[2]。

这三个一维数组可以直接使用。这三个一维数组都有4个元素，例如一维数组a[0]的元素为a[0][0]、a[0][1]、a[0][2]、a[0][3]。

（4）C99标准加入了对数组中指定的元素进行初始化，例如：

“int a[3] = {[2] =3};”只对a[2]赋初值为3，其他元素为0；

“int a[3][3] = {{0, 1}, {[2] = 2}, {3}};”和“{{0,1}, {0,0,2}, {3}}”结果一样；

“inta[3][3] = {[0][0] = 1, [1][1] = 1, [2][0] = 1};”也可以分别以二维下标的方式指定初始值。

7.4　指针

7.4.1　地址和指针

存储在计算机中的数据按照系统约定规则的大小进行存储。例如 int 占用 4 字节，char 占用 1 字节。为了正确地访问这些数据，必须为每个字节都编上一个地址，如同门牌号、身份证号一样，每个字节的编号是唯一的，根据编号可以准确地找到对应的地址空间。

图 7.2 是 4GB 内存中每个字节的编号(以十六进制表示)。

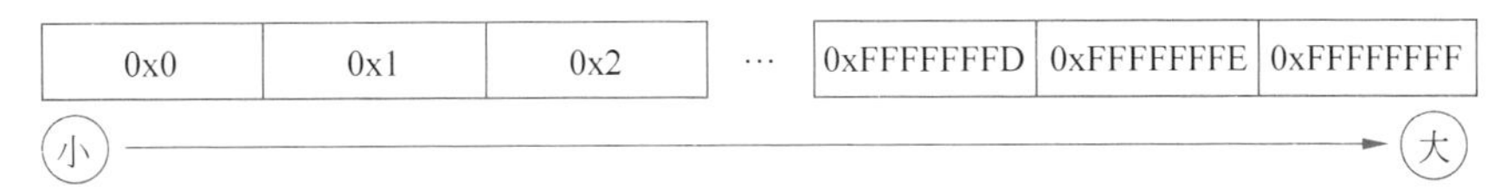

图 7.2　4GB 内存中字节的编号

内存中，字节的编号称为地址(address)或指针(pointer)。

案例 7.6　如何输出一个地址？

```
#include <stdio.h>
int main()
{
    int a = 100;
    char str[20] = "c.biancheng.net";
    printf("%p, %p\n", &a, str);
    return 0;
}
```

案例分析：

“&a”中的“&”可以提取变量的地址，而数组名 str 可以直接获得数组的首地址。

在 C 语言中，允许用一个变量来存放指针，这种变量称为指针变量。指针变量的值就是某份数据的地址，这样的一份数据可以是数组、字符串、函数，也可以是另一个普通变量或指针变量。

现在假设有一个 char 类型的变量 c，它存储了字符'K'，并占用了地址为 0X11A 的内存。另外有一个指针变量 p，它的值为 0X11A，正好等于变量 c 的地址，这种情况称为 p 指向了 c，或者说 p 是指向变量 c 的指针，如图 7.3 所示。

p　c
11A　'K'
11A

图 7.3　指针变量

操作系统在运行程序时，内存按照不同用途进行有序的组织。以 32 位操作系统为例，其内存布局大致如图 7.4 所示。

操作系统采用一种称为虚拟地址的机制，让所有执行程序误认为自己占有所有的内存资源。32 位操作系统的虚拟地址有 4GB，其中高 2GB(或 1GB)为操作系统所拥有，应用程序不可访问，最低端从 0 开始的少量地址通常保留给操作系统调度存储该程序的数据，也不

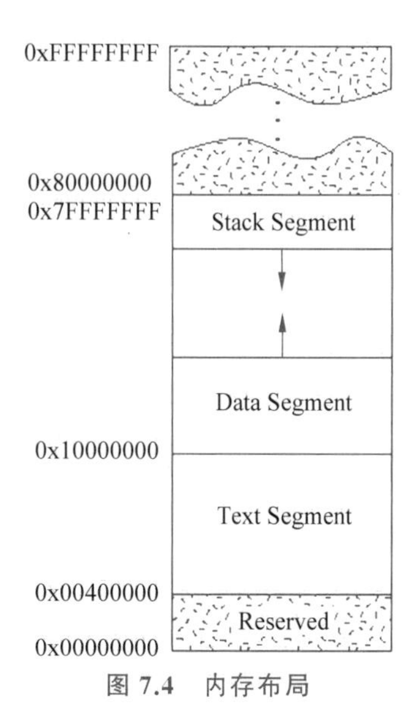

图 7.4　内存布局

可被应用程序访问(不可读、不可写、不可执行),所以空指针被定义为0。中间部分被分成如下四段。

(1) 正文段(text),即存储指令代码的区域,其大小依赖编译结果,各函数编译产生的机器指令代码存储在此段中,该区域只可读、可执行,不可写。

(2) 数据段(data),用于存储全局变量数据,其大小依赖编译时刻全局数据的多少。根据数据的属性分为可读写数据子段和只读数据子段,可读写数据子段对应的是全局变量,只读数据子段对应的是全局常量,即使用 const 修饰的全局量。对于可读写子段,有的操作系统,例如 Windows 还将其分为初始化全局数据子段和未初始化全局子段,但 Linux 并不区分。

(3) 堆段(heap),该段具有大量的地址空间,可用的内存空间接近物理内存空间加交换内存空间,是重要的资源。该地址通常只能通过 malloc 类函数进行借用,用完后需要通过 free 函数归还。这是我们处理大量数据的主要空间,因此 C 语言使用该资源只能通过指针端来访问。操作系统往往还提供一些高级功能,如文件内存映射(mmap),其地址也位于该区。

(4) 栈段(stack),这部分的空间较小且大小固定,通常为 1～10MB,对于嵌入式系统则可能更少,用于动态管理自动变量、函数调用所需的参数可返回地址等临时使用的数据。

正文段和只读数据段不可更改,这个保护通常是由硬件完成的,即便获得了其地址并在运行时更改,但由于硬件保护,会因接到 SIGSEVG 信号而报段错误(Segmentation Fault)进而终止运行。对于其他数据段,如果操作系统启动了数据执行保护(DEP),则这些段的数据不能当作代码来执行,以防范黑客的攻击,当需要设计即时编译(JIT)的语言解析器时,需要通过其他机制绕开。

7.4.2　定义指针变量

定义指针变量与定义普通变量非常类似,不过要在变量名前面加星号"*",通用格式为

```
datatype *name;
```

或者

```
datatype *name = value;
```

"*"表示这是一个指针变量,datatype 表示该指针变量所指向的数据的类型。例如:

```
int *p1;
```

p1 是一个指向 int 类型数据的指针变量,至于 p1 究竟指向哪一份数据,应该由赋予它

的值决定。再如：

```
int a = 100;
int *p_a = &a;
```

在定义指针变量 p_a 的同时对它进行初始化，并将变量 a 的地址赋予它，此时 p_a 就指向了 a。值得注意的是，p_a 需要的一个地址，a 前面必须加取地址符“&”，否则是不对的。

和普通变量一样，指针变量也可以被多次写入，如下面的语句所示：

```
//定义普通变量
float a = 99.5, b = 10.6;
char c = '@', d = '#';
//定义指针变量
float *p1 = &a;
char *p2 = &c;
//修改指针变量的值
p1 = &b;
p2 = &d;
```

“*”是一个特殊符号，表明一个变量是指针变量，定义 p1、p2 时必须带“*”。而给 p1、p2 赋值时，可以像使用普通变量一样来使用指针变量。也就是说，定义指针变量时必须带“*”，给指针变量赋值时不能带“*”。

假设变量 a、b、c、d 的地址分别为 0X1000、0X1004、0X2000、0X2004，如图 7.5 所示，注意 p1、p2 指向的变化。

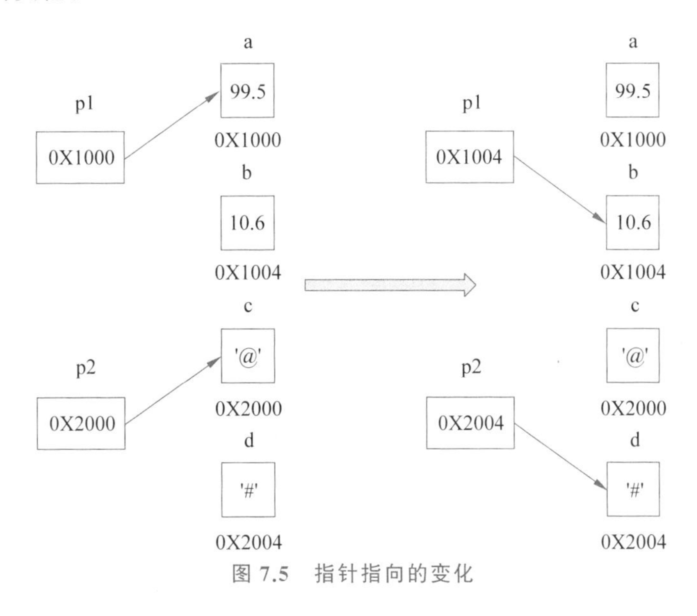

图 7.5　指针指向的变化

需要注意的是，p1、p2 的类型分别是 float * 和 char *，而不是 float 和 char，它们是完全不同的数据类型。

指针变量也可以连续定义，例如：

```
int *a, *b, *c;                    //a、b、c 的类型都是 int *
```

注意：每个变量前面都要带“*”。如果写成下面的形式：

```
int *a, b, c;
```

那么只有 a 是指针变量，b、c 都是类型为 int 的普通变量。

需要注意的是，指针类型是基础数据类型，其值为 CPU 进行 RAM 读写操作的地址编码或者虚拟地址编码，其占用的内存空间对于 32 位操作系统或 CPU 等同于 32 位无符号整数，即 unsigned int 类型，针对 64 位操作系统则等同于 64 位无符号整数，即 unsigned long long，虽然其并不一定用满 64 位空间，例如 Intel 的酷睿 CPU 用到了其中的 48 位，但仍需要用 64 位整数表示。等同指针的整数类型定义在<stdint.h>中，为 intptr_t 和 unitptr_t。因此根据指针类型的性质，指针变量仍然有地址，仍然可以用指针的指针对其进行访问。如果暂时不知道地址中存储的是何种类型数据，若只关心地址值，则可以定义成 void 类型，具体应用时再转换到具体指针类型，无类型指针(void *)是 C 语言程序设计中常用的隐藏类型的手段。在 C 语言中，void * 指针可被任何类型的指针赋值，并可赋值为任何其他类型指针，而不需要进行显式类型转换，而 C++ 需要进行显式类型转换。

```
int a = 0, b;
void * pv = &a;
int * p = pv;           //void * 转换为
int **pp = &p;
**pp = 10;              //* pp 的值即 p 变量的值,**pp 即 * p 也就是对 a 进行操作
b = * ((int *)pv);      //将 pv 转换为指向整数的指针,于是可以对其进行操作,等同于 b = a;
```

使用指针对数组进行操作也是非常常用的手段，对于一维数组，其数组名代表的值即指针。注意：虽然用指针访问数组和直接用数组访问数组的语法都是一样的，但其类型是不同的。例如下例中，arr 和 arr2 都是指针类型，因此其占用的内存为 sizeof(arr) = 3 * sizeof(int) = 12 字节，sizeof(arr2) = 2 * 3 * sizeof(int) = 24 字节。而无论 pa 还是 pa2 均是指针，因此 sizeof(pa)=sizeof(pa2)=4(32 位)或者 8(64 位)。

```
int arr[3];
int arr2[2[3];
int * pa = arr;               //使用 pa 和使用 arr 进行操作完全一样
int (* pa2)[3] = arr2         //读法:pa2 是指针(*),其指向一个含有 3 个元素的数组
```

7.4.3 指针的运算

指针变量存储了数据的地址，通过指针变量能够获得该地址中的数据，格式为

```
* pointer;
```

这里的“*”称为指针运算符，用来取得某个地址上的数据。

案例 7.7

```
#include <stdio.h>
int main(){
    int a = 15;
    int *p = &a;
    printf("%d, %d\n", a, *p);                    //两种方式都可以输出 a 的值
    return 0;
}
```

案例分析：

假设 a 的地址是 0X1000，p 指向 a 后，p 本身的值也会变为 0X1000，* p 表示获取地址 0X1000 上的数据，即变量 a 的值。从运行结果看，* p 和 a 是等价的。使用指针是间接获取数据，使用变量名是直接获取数据，前者比后者的代价更高。

案例 7.8 指针除了可以获取内存上的数据，也可以修改内存上的数据。

```
#include <stdio.h>
int main(){
    int a = 15, b = 99, c = 222;
    int *p = &a;                                  //定义指针变量
    *p = b;                                       //通过指针变量修改内存上的数据
    c = *p;                                       //通过指针变量获取内存上的数据
    printf("%d, %d, %d, %d\n", a, b, c, *p);
    return 0;
}
```

案例分析：

案例中，* p 代表 a 中的数据，它等价于 a，可以将另一份数据赋值给它，也可以将它赋值给另一个变量。

“ * ”在不同的场景下有不同的作用，“ * ”可以用在指针变量的定义中，表明这是一个指针变量，可以和普通变量区分开；使用指针变量时在前面加“ * ”表示获取指针指向的数据，或者说表示的是指针指向的数据本身。

也就是说，定义指针变量时的“ * ”和使用指针变量时的“ * ”意义完全不同。以下面的语句为例：

```
int *p = &a;
*p = 100;
```

第 1 行代码中，“ * ”用来指明 p 是一个指针变量；第 2 行代码中，“ * ”用来获取指针指向的数据。

需要注意的是，给指针变量本身赋值时不能加“ * ”。修改上面的语句为

```
int *p;
p = &a;
*p = 100;
```

第 2 行代码中的 p 前面就不能加“ * ”。

指针变量也可以出现在普通变量能出现的任何表达式中，例如：

```
int x, y, *px = &x, *py = &y;
y = *px + 5;                  //表示把 x 的内容加 5 并赋给 y, *px+5 相当于(*px)+5
y = ++*px;                    //px 的内容加上 1 之后赋给 y, ++*px 相当于++(*px)
y = *px++;                    //相当于 y=*(px++)
py = px;                      //把一个指针的值赋给另一个指针
```

案例 **7.9** 通过指针交换两个变量的值。

```
#include <stdio.h>
int main(){
    int a = 100, b = 999, temp;
    int *pa = &a, *pb = &b;
    printf("a=%d, b=%d\n", a, b);
    /*****开始交换*****/
    temp = *pa;                          //将 a 的值先保存起来
    *pa = *pb;                           //将 b 的值交给 a
    *pb = temp;                          //再将保存起来的 a 的值交给 b
    /*****结束交换*****/
    printf("a=%d, b=%d\n", a, b);
    return 0;
}
```

案例分析：

从运行结果可以看出，a、b 的值已经发生了交换。需要注意的是，临时变量 temp 的作用特别重要，因为执行“*pa = *pb;”语句后，a 的值会被 b 的值覆盖，如果不先将 a 的值保存起来，以后就找不到了。

到目前为止，星号“ * ”主要有三种用途：

(1) 表示乘法，例如“int a = 3, b = 5, c; c = a * b;”，这是最容易理解的；

(2) 表示定义一个指针变量，以和普通变量区分开，例如“int a = 100;”“int *p = &a;”；

(3) 表示获取指针指向的数据，是一种间接操作，例如“int a, b, *p = &a;”“*p = 100; b = *p;”。

7.4.4 指针作为函数参数

在 C 语言中，函数的参数不仅可以是变量数据，还可以是指向它们的指针。用指针变量作函数参数可以将函数外部的地址传递到函数内部，使得在函数内部可以操作函数外部的数据，并且这些数据不会随着函数的结束而被销毁，属于双向传递。

像数组、字符串、动态分配的内存等都是一系列数据的集合，无法通过一个参数全部传入函数内部，只能传递它们的指针，在函数内部通过指针来影响这些数据集合。

有时对于整数、小数、字符等基本类型数据的操作也必须借助指针，一个典型的例子就是交换两个变量的值。

案例 7.10 利用指针传递变量的值。

```
#include<stdio.h>
void change(int * p1, int * p2, int p3)
{
    p3= * p1;
    * p2=30;
    * p1=20;
}
int main ( )
{
    int a=10, b=20, c=30;
    change(&a,&b,c);
    printf("a = %d, b = %d\n, c= %d\n", a, b,c);
    return 0;
}
```

案例分析：

调用 change()函数时，将变量 a、b 的地址分别赋给 p1、p2，将变量 c 的值赋给 p3。这样，* p1、* p2 代表的就是变量 a、b 本身，改变 * p1、* p2 和 p3 的值，变量 a、b 的值就会随着 * p1、* p2 变化，但 c 的值却不会随着 p3 变化。函数运行结束后，虽然会将 p1、p2 销毁，但它对外部 a、b 造成的影响是“持久化”的，不会随着函数的结束而“恢复原样”。

7.4.5 数组作为函数参数

第 6 章曾介绍过数组元素作为函数参数进行传递的方法。数组是一系列数据的集合，无法通过参数将它们一次性传递到函数内部。如果希望在函数内部操作数组，则必须传递数组指针。

案例 7.11 定义了一个函数 max()，用来查找数组中值最大的元素。

```
#include <stdio.h>
#include <assert.h>

static int max(const int * intArr, size_t len)
{
    assert(len > 0 && intArr);
    int maxValue = intArr[0];                    //假设第 0 个元素是最大值
    for(size_t i = 1; i < len; i++) {
        if(maxValue < intArr[i])
            maxValue = intArr[i];
    }
    return maxValue;
}
```

```
int main(){
    int nums[6];
    size_t len = sizeof(nums) / sizeof(nums[0]);

    //读取用户输入的数据并赋值给数组元素
    for(size_t i = 0; i < len; i++)
        scanf("%d", nums+i);

    printf("Max value is %d!\n", max(nums, len));
    return 0;
}
```

案例分析：

参数 intArr 仅仅是一个数组指针，在函数内部无法通过这个指针获得数组长度，必须将数组长度作为函数参数传递到函数内部。数组 nums 的每个元素都是整数，scanf()在读取用户输入的整数时，要求给出存储它的内存的地址，nums＋i 就是第 i 个数组元素的地址。

用数组作函数参数时，参数也能够以“真正”的数组形式给出。例如对于上面的 max()函数，它的参数可以写成下面的形式：

```
static int max(const int intArr[6], size_t len)
{
    assert(len > 0);
    int maxValue = intArr[0];                    //假设第 0 个元素是最大值
    for(size_t i = 1; i < len; i++) {
        if(maxValue < intArr[i])
            maxValue = intArr[i];
    }
    return maxValue;
}
```

int intArr[6]好像定义了一个拥有 6 个元素的数组，调用 max()时可以将数组的所有元素一起传递进来。

也可以省略数组长度，把形参简写为

```
static int max(const int intArr[], size_t len)
{
    assert(len > 0);
    int maxValue = intArr[0];                    //假设第 0 个元素是最大值
    for(size_t i = 1; i < len; i++) {
        if(maxValue < intArr[i])
            maxValue = intArr[i];
    }
    return maxValue;
}
```

int intArr[]虽然定义了一个数组，但没有指定数组长度，好像可以接受任意长度的数组。实际上，这两种形式的数组定义都是假象，不管是 int intArr[6]还是 int intArr[]，都不会创建一个数组，编译器也不会为它们分配内存，实际的数组是不存在的，它们最终还是会转换为 int *intArr 这样的指针。这就意味着，两种形式都不能将数组的所有元素一起传递进来，大家还得规规矩矩地使用数组指针。

int intArr[6]这种形式只能说明函数期望用户传递的数组有 6 个元素，并不意味着数组只能有 6 个元素，真正传递的数组可以有少于或多于 6 个的元素。

不管使用哪种方式传递数组，都不能在函数内部求得数组长度，因为 intArr 仅仅是一个指针，而不是真正的数组，所以必须额外增加一个参数来传递数组长度。

C 语言为什么不允许直接传递数组的所有元素，而必须传递数组指针呢？这是因为参数的传递本质上是一次赋值的过程，赋值就是对内存进行复制。所谓内存复制，是指将一块内存上的数据复制到另一块内存上。对于像 int、float、char 等基本类型的数据，它们占用的内存往往只有几字节，对它们进行内存复制非常快速。而数组是一系列数据的集合，数据的数量没有限制，可能很少，也可能成千上万，对它们进行内存复制有可能是一个漫长的过程，会严重降低程序的效率。

7.5 const 与 constexpr

在实际应用中，有时希望定义一种变量，它的值在整个作用域中都不能被改变。例如，用一个变量来表示班级的最大人数，或者表示缓冲区的大小。为了实现这种需求，C 语言提供了 const 关键字，对变量加以限定：

```
const int MaxNum = 100;         //班级的最大人数
```

这样，MaxNum 的值就不能被修改了，任何对 MaxNum 赋值的行为都将引发错误：

```
MaxNum = 90;                    //错误，试图向 const 变量写入数据
```

一般将 const 变量称为常量(constant)。创建常量的格式通常为

```
const type name = value;
```

const 和 type 都是用来修饰变量的，它们的位置可以互换，也就是将 type 放在 const 前面：

```
type const name = value;
```

通常采用第一种方式，不采用第二种方式。另外，建议将常量名的首字母大写，以提醒程序员这是一个常量。

由于常量一旦被创建后其值就不能再改变了，所以常量必须在定义的同时进行初始化，后面的任何赋值行为都将引发错误。

案例 7.12 常量定义与初始化。

```
#include <stdio.h>
static int getNum(){
    return 100;
}
int main(void){
    int n = 90;
    const int MaxNum1 = getNum();                    //运行时初始化
    const int MaxNum2 = n;                           //运行时初始化
    const int MaxNum3 = 80;                          //编译时初始化
    printf("%d, %d, %d\n", MaxNum1, MaxNum2, MaxNum3);
    return 0;
}
```

案例分析：

运行结果：

```
100, 90, 80
```

const 也可以和指针变量一起使用，这样可以限制指针变量本身，也可以限制指针指向的数据。const 和指针一起使用会有几种不同的顺序，如下所示：

```
const int *p1;
int const *p2;
int * const p3;
```

在最后一种情况下，指针是只读的，也就是 p3 本身的值不能被修改；在前面两种情况下，指针所指向的数据是只读的，也就是 p1、p2 本身的值可以修改（指向不同的数据），但它们指向的数据不能被修改。

在 C 语言中，通常情况下，定义 const 常量和使用枚举要比 #define 更好，因为 const 定义的常量有类型，可以是局部常量，还可以定义为只读数据表，#define 只是替换。const 也常用在函数形参中，如果形参是一个指针且函数不对其进行修正，应当定义成 const，告诉使用该函数的其他人该函数不会改变所指地址的内容，同时让编译器来提醒用户不要改变其内容，否则将报语法错误。定义函数与函数原型相同，并需要定义和原型一致。

案例 7.13 查找字符串中某个字符出现的次数。

```
#include <stdio.h>
#include <assert.h>

static size_t strnchr(const char *str, int ch)
{
    size_t n = 0;
    assert(str);
    while(*str) {
```

```
        if (* str == ch)
            n++;
        str++;
    }
    return n;
}
int main()
{
    char * str = "I love China";
    printf("%d\n", (int)strnchr(str, 'o'));
    return 0;
}
```

案例分析：

根据 strnchr()函数的功能可以推断，函数内部要对字符串 str 进行遍历，不应该有修改的动作，用 const 加以限制，不但可以防止由于程序员误操作引起的字符串修改，还可以给用户一个提示，函数不会修改用户提供的字符串。

当一个指针变量 str1 被 const 限制时，如果将 str1 赋值给另一个未被 const 修饰的指针变量 str2，就有可能发生危险。因为通过 str1 不能修改数据，而赋值后通过 str2 就能够修改数据了，意义发生了转变，编译器会按照用户的要求给出错误提示。

const 的设计意图是让编译器帮助检查程序，如果程序对意图中不能修改的变量进行了修改，编译器会做出提示来避免错误。但 const 常量不意味着可以用像常数一样的用于像 switch-case 这种需要使用常数的语法中。全局 const 常量由于受 CPU 硬件保护而不可修改，而自动 const 常量会强制提取其地址，转换为非 const 类型指针，一样可以修改其内容。

在 C23 中，引入了 C++ 中的 constexpr 常量，其具有所有 const 属性，但其与 const 最大的区别是，尽管仍然具有地址，但其彻底不可在运行时改变，这与常数或枚举的属性一致。该特性也造成 constexpr 的使用受限：

（1）除了 NULL，针对指针类型不可使用 constexpr 修饰，需要使用 const；

（2）不可与 atomic、volatile、restrict 共同使用；

（3）变长数组不可使用 constexpr 修饰；

（4）不可使用变量来初始化常量。

7.6　变长数组

C90 及以前的数组对象定义是静态联编的，在编译期就必须给定对象的完整信息。但在程序设计过程中，常常遇到需要根据上下文环境来定义数组的情况，在运行期才能得知数组的长度。针对该应用场景，C99 的可变长数组提供了一个部分解决方案。

可变长数组（variable length array，VLA）中的可变长指的是编译期可变。数组定义时，其长度可为整数类型的表达式，不再像 C90 或 C++ 那样必须是整数常量表达式。例如，输入一个长度参数 n，计算长度 n 的平方根表，然后打印其结果，由于长度 n 是用户输入的，使用可变数组会比较方便，其代码如下：

```
#include <stdio.h>
#include <math.h>

static void print_farr(const float *arr, size_t n)
{
    for (size_t i = 0; i < n; i++)
        printf("%lf ", arr[i]);
    printf("\n");
}

int main()
{
    int n;
    scanf("%d", &n);
    float arr[n];                                   //定义一个长度为 n 的浮点数数组。
    for (int i = 0; i < n; i++)
        arr[i] = sqrtf((float)(i + 1));
    print_farr(arr, n);
    return 0;
}
```

变长数组不能是全局数组类型，其长度是在运行时决定的，定义后其长度也不可修改，与自动变量的固定长度数组一样，退出其作用域，即退出程序块或函数后，数组会被自动回收。

自动数组尽管从语法上提供了一个不错的功能，但是软件企业支持率非常低，这是因为即便采用自动数组，尤其是字符数组，但历史上因为数组的访问越界仍造成了很多安全事故，在软件生产中，对自动变量的数组的使用应格外小心，通常在堆中动态分配内存来操作数据代替数组，但在效率上会慢一些。另一个原因是，栈空间是珍贵资源，VLA 很容易造成滥用。因此，尽管这个语言特性实现起来很简单，但商业编译器，如微软 Visual studio 大多拒绝实现该特性，以后大概率也不会采纳该标准。笔者也同样不赞成使用 VLA。

7.7 数组应用

数据输入→存储→计算→存储→输出是常用的模式，例如前面对成绩的处理。

数组还可以用于算法设计，以空间换取时间。一个典型的题目是打印杨辉三角形。其本质是组合的问题，(a+b)^n 的展开式的系数为 C(n,0)，C(n,1)，…，C(n,n)。根据组合的递推数学性质：

C(n,0)=C(n,n)=1；C(n,m)=C(n−1,m)+C(n−1,m−1)，根据该性质可以快速构建其递归算法。

案例 7.14 打印杨辉三角形。

```
#include <stdio.h>
```

```
static int combination_r(int n, int m)
{
    if (m == n || m == 0)
        return 1;
    return combination_r(n - 1, m) + combination_r(n - 1, m - 1);
}
int main()
{
    int n;
    scanf("%d", &n);
    for (int i = 0; i <= n; i++) {
        for (int j = 0; j <= i; j++)
            printf("%-6d", combination_r(i, j));
        putchar('\n');
    }
    return 0;
}
```

案例分析：

程序中的一个双重递归会重复计算，其效率很低，需要用非递归实现。根据 C(n,m)=A(n,m)/m! 和 C(n,m)=n! /(m! *(n−m)!)，可书写出如下代码：

```
#include <stdio.h>
static int combination(int n, int m)
{
    long long af = 1, mf = 1;

    if (m * 2 > n)
        m = n - m;
    for (int i = (n - m + 1); i <= n; i++)
        af *= i;
    for (int i = 2; i <= m; i++)
        mf *= i;
    return (int)(af / mf);
}
int main()
{
    int n;
    scanf("%d", &n);
    for (int i = 0; i <= n; i++) {
        for (int j = 0; j <= i; j++)
            printf("%-6d", combination(i, j));
        putchar('\n');
    }
    return 0;
}
```

这个算法的效率要远远高于递归的实现，但也带来了副作用，即便是用了 64 位的 long long 类型，当 n=30 时仍超出其界限。

如果使用数组,则可进一步提升效率,这是一种典型的用空间换时间的方法。例如:

```
#include <stdio.h>
static void yanghui(int * arr, int n)
{
    arr[n] = 1;
    for (int j = n - 1; j > 0; j--)                    //需要反向计算,以免覆盖前序的计算结果
        arr[j] += arr[j - 1];
}
int main1()
{
    int arr[34];                          //使用整数情况下,当 n=34 时,会因整数溢出而计算错误
    int n;
    scanf("%d", &n);
    for (int i = 0; i <= n; i++) {
        yanghui(arr, i);
        for (int j = 0; j <= i; j++)
            printf("%-6d", arr[j]);
        putchar('\n');
    }
    return 0;
}
```

注意:数组的长度是34,因为当n=34时,C(n, n/2)的值超出了整数的界限,即采用32位整数,大于33的杨辉三角形的结果不会正确。

7.8 排序和搜索

排序和搜索也是常用的算法之一。

1. 交换排序

- 交换排序主要通过两两交换数据元素的位置来使一个无序序列变得有序。交换排序的特点是:对于从小到大的排序,将较大的数据元素向序列的尾部移动,数据较小的元素向序列的前部移动。即对于第i个元素,从第i+1个元素开始到最后的元素进行遍历,将任何比第i个元素小的单元j都与第i个元素交换,经过遍历交换后,第i个单元的元素即为从i到最后元素中的最小元素。

案例7.15 利用交换排序实现数组从小到大排序。

```
#include <stdio.h>
#include <assert.h>

static void aswap(int * arr, int i, int j) {
    int t = arr[i];
    arr[i] = arr[j];
    arr[j] = t;
}
```

```
static void swap_sort(int * arr, size_t size)
{
    //注意 size_t 是无符号数,因此条件为 i+1<size
    //如果写成 i < size-1,size 为 0 时会出错
    for (size_t i = 0;  i + 1 < size; i++) {
        for (size_t j = i + 1; j < size; j++) {
            if (arr[j] < arr[i])
                aswap(arr, i, j);
        }
    }
}
int main()
{
    int array[] = {10, 5, 1, 7, 20, 6};

    swap_sort(array, 6);
    for (int i = 0; i < 6; i++) {
        printf("%d ", array[i]);
    }
    printf("\n");
    return 0;
}
```

案例分析：

为了看清楚每趟交换排序后的结果，可以在交换函数中加入显示函数，观察交换排序的过程。可以将函数改为

```
static void swap_sort(int * arr, size_t size)
{
    for (size_t i = 0;  i + 1 < size; i++) {
        for (size_t j = i + 1; j < size; j++) {
            if (arr[j] < arr[i])
                aswap(arr, i, j);
        }
        for (int i = 0; i < 6; i++) {
        printf("%d ", arr[i]);
        }
        printf("\n");
    }
}
```

2. 选择排序

交换排序的缺点是交换次数过多。交换过程中，交换需要读取-写入的过程，其执行耗时通常是读取-比较过程的两倍以上。但事实上，由于仍然需要记录最大元素的位置，因此只有数组单元的尺寸较大时才会有改进。找到后面最小的一个元素进行交换，可大幅减少交换的过程。选择排序对于小数组，如包含几个到十几个元素的数组，其效率非常高，但当数组的元素过多时，其小于与数组长度的平方，因此不适合大数组的排序。

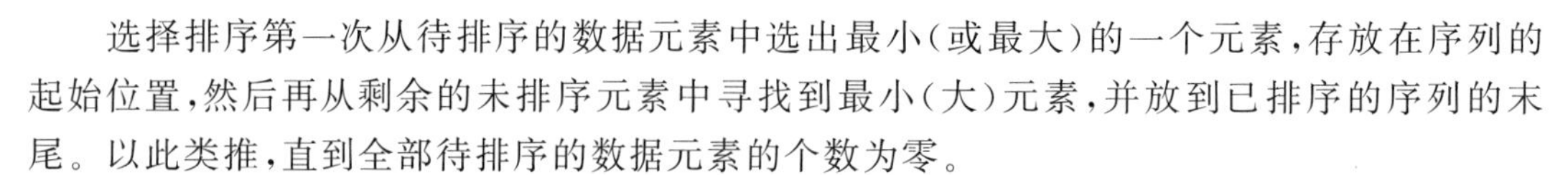

选择排序第一次从待排序的数据元素中选出最小(或最大)的一个元素,存放在序列的起始位置,然后再从剩余的未排序元素中寻找到最小(大)元素,并放到已排序的序列的末尾。以此类推,直到全部待排序的数据元素的个数为零。

下面为选择排序的程序代码:

```
static void select_sort(int *arr, size_t size)
{
    for (size_t i = 0;  i + 1 < size; i++) {
        size_t smallest = i;
        for (size_t j = i + 1; j < size; j++)
            smallest = arr[j] < arr[smallest] ? j : smallest;
        if (smallest != i)
            aswap(arr, i, smallest);
    }
}
```

3. 冒泡排序

冒泡排序是一种简单的排序算法,它重复地走访要排序的数列,一次比较两个元素,如果它们的顺序错误,就把它们交换过来。这个过程会重复进行,直到没有再需要交换的元素,也就是说,该数列已经排序完成。当数组从第 i 个元素开始时,如果没有发生排序,则这段数组已经排好,不用再进行排序处理,动态改变所需排序的数组长度是冒泡排序的特点,该特点使得冒泡排序针对基本排序好的数组具有很高的效率。极限情况下,针对排序好的数组,其只需要遍历一遍。

如果数组已经基本排序好,则冒泡排序的效率将相当高。例如一个班的数学成绩,当得知上学期的成绩顺序,则排本学期的成绩采用冒泡排序是最快的,通常只有几个同学的名次会发生改变。例如:

```
static void bubble_sort(int* arr, size_t size)
{
    while (size > 1) {
        size_t last = 0;                        //用于记录最后一个交换点
        for (size_t i = 1; i < size; i++) {
            if (arr[i - 1] > arr[i]) {          //进行冒泡
                aswap(arr, i - 1, i);
                last = i;
            }
        }
        //对于 last 及以后的数组元素,没有交换,因此已经排好序了
        //设置需要排序的数组长度为 last,以去除不必要的运算
        size = last;
    }
}
```

注意,通常我们还可以看到下面这样的冒泡排序算法:

```
static void bubble_sort(int *arr, size_t size)
{
```

```
    for (size_t j = 0; j + 1 < size; j++) {        //最多冒 size - 1 次
        for (size_t i = 0; i + j + 1 < size; i++) {
            if (arr[i] > arr[i + 1]) {             //进行冒泡
                aswap(arr, i, i + 1);
            }
        }
    }
}
```

但这个算法不是冒泡算法的简易实现，因为冒泡排序就是针对大致排好序的数组进行再排序，已经排好序是最好的情况，其只和数组的长度 n 呈正比，而这个算法直接退化为交换排序，从而没有实际使用的意义。还有常见的所谓改进型，即判断是否进行了交换，这也不是正确的实现，代码如下：

```
static void bubble_sort(int * arr, size_t size)
{
    for (size_t j = 0; j + 1 < size; j++) {        //最多冒 size - 1 次
        bool swap = false;
        for (size_t i = 0; i + j + 1 < size; i++) {
            if (arr[i] > arr[i + 1]) {             //进行冒泡
                aswap(arr, i, i + 1);
                swap = true;
            }
        }
        if (!swap)
            break;
    }
}
```

之所以说它是不正确的实现，原因与前述的判断系数一样，我们需要准确实现算法，去除不必要的运算。况且这两种简易写法失去了其实际使用的意义。如果需要改进，上述单向冒泡是不合理的，例如，班级某几个同学的成绩上升了，排序速度会比这几个同学成绩都下降了要快，双向冒泡的结果会更好，虽然数组的逆序处理比正序要慢很多。代码如下：

```
static void duo_bubble_sort(int* arr, size_t size)
{
    size_t left = 0, right = size;
    while (left + 1 < right) {
        size_t last = 0;
        for (size_t i = 1; i < size; i++) {
            if (arr[i - 1] > arr[i]) {
                aswap(arr, i - 1, i);
                last = i;
            }
        }
        right = last;
        for (size_t i = last - 1; i + 1 > left; i--) {
            if (arr[i] < arr[i - 1]) {
```

```
                aswap(arr, i, i - 1);
                last = i;
            }
        }
        left = last;
    }
}
```

4. 快速排序

快速排序是一种更高效的排序算法,它通过设定一个基准值将数组分成两部分,一部分是小于基准值的元素,另一部分是大于或等于基准值的元素。然后,对这两部分分别进行排序,最终完成整个数组的排序。

这里对布莱恩·柯尼汉在《程序设计实践》一书中的算法略做修改,这是一个最易懂的快速排序。快速排序提出了一个很好的算法思路,即使用分治法对数组进行排序,这为后续真正实用的快速排序奠定了基础。但是,这个算法离实际应用还有很大的距离,在最差情况下,递归的深度等同于数组的长度,这在实际软件生产中是不能容忍的。实际使用的通用排序算法较为复杂,有兴趣的同学可以自行学习其原理实现。

```
static void quick_sort(int *arr, size_t size)
{
    size_t last = 0;
    if (size <= 1)                          /* 尾条件,数组长度小于 1 的数组无须排序 */
        return;
    aswap(arr, 0, size / 2);   /* arr[size/2]作为支点,并移动到数组的首位,即 arr[0] */
    for (size_t i = 1; i < size; i++) {   /* 分治 */
        if (arr[i] < arr[0])
            aswap(arr, ++last, i);
    }
    aswap(arr, 0, last);             /* 还原支点,arr[last]是最后一个小于支点的单元 */
    quick_sort(arr, last);                  /* 左右分别排序 */
    quick_sort(arr + last + 1, size - last - 1);
}
```

需要注意的是,在《C程序设计语言》一书中,qsort 的原型是:

```
void qsort(int *arr, int left, int right);
```

这是不恰当的,柯尼汉在《程序设计实践》一书做了修正。函数参数不应依赖其实现的方便程度。在一个工程中,qsort 会被很多人的代码调用,他一定会很奇怪为什么一个数组排序需要传递 3 个变量。

5. 对分搜索

如果对一个没有排序的数组进行搜索,则只能从头找到尾。例如:

```
static int *search(const int *arr, size_t n, int key)
{
    for (size_t i = 0; i < n; i++) {
```

```
        if (arr[i] == key)
            return (int *)arr + i;
    }
    return NULL;
}
```

但排序后的数组可以用对分法进行查找。对分查找的前提是待查找的数据必须是有序的，如非递减有序。对分查找首先将查找的数据与有序数组内处于中间位置的元素进行比较，如果中间位置上的元素内的数值与查找数据不同，根据数组元素的有序性，即可确定应该在数组的前半部分还是后半部分继续进行查找；在新确定的范围内，继续按上述方法进行查找，直到获得最终结果。

对分搜索的代码如下：

```
static int *bin_search(const int *arr, size_t size, int key)
{
    size_t left = 0, right = size;      //搜索区间为[left, right),即不包含 right
    while(left < right) {               //搜索空间不为空
        size_t mid = left + (right - left) / 2;
        /*不可写成(left + right) / 2, left + right 可能超界回绕*/
        if (key == arr[mid])
            return (int *)arr + mid;
        else if (key < arr[mid])
            right = mid;                //不包含右边界,mid不用减 1,无符号数减 1 会溢出
        else
            left = mid + 1;             //搜索空间包含左边界,因此是 mid 的下一个
    }
    return NULL;
}
```

搜索算法的一般实现可针对任意类型的数组进行查找，关键点是提供一个比较函数作为参数。例如：

```
static void *gen_bin_search(const void *key, const void *base, size_t nmemb,
size_t size, int (*compr)(const void *, const void *))
{
    size_t left = 0, right = nmemb;
    while(left < right) {
        size_t mid = left + (right - left) / 2;
        const char *p = (const char *)base + mid * size;
        int r = compr(key, p);
        if (r == 0)
            return (void *)p;
        else if (r < 0)
            right = mid;
        else
            left = mid + 1;
    }
    return NULL;
}
```

案例 7.16 排序和搜索。

```
#include <stdio.h>
#include <stdlib.h>
#include <assert.h>
#include <chrono>
#include <iostream>
#include <algorithm>

static inline void aswap(int* arr, size_t i, size_t j) {
    int t = arr[i];
    arr[i] = arr[j];
    arr[j] = t;
}

static void swap_sort(int* arr, size_t size)
{
    //注意 size_t 是无符号数,因此条件需要写成 i+1<size。
    //如果写成 i < size-1,size 为 0 时会出错
    for (size_t i = 0; i + 1 < size; i++) {
        for (size_t j = i + 1; j < size; j++) {
            if (arr[j] < arr[i])
                aswap(arr, i, j);
        }
    }
}

static void quick_sort(int* arr, size_t n)
{
    size_t last = 0;
    if (n <= 1)                 /* 尾条件,数组长度小于 1 的数组无须排序 */
        return;
    aswap(arr, 0, n / 2);       /* arr[n/2]作为支点,并移动到数组的首位,即 arr[0] */
    for (size_t i = 1; i < n; i++) { /* 分治 */
        if (arr[i] < arr[0])
            aswap(arr, ++last, i);
    }
    aswap(arr, 0, last);        /* 还原支点,arr[last]是最后一个小于支点的单元 */
    quick_sort(arr, last);      /* 左右分别排序 */
    quick_sort(arr + last + 1, n - last - 1);
}

static void select_sort(int* arr, size_t size)
{
    for (size_t i = 0; i + 1 < size; i++) {
        size_t smallest = i;
        for (size_t j = i + 1; j < size; j++)
            smallest = arr[j] < arr[smallest] ? j : smallest;
```

```
        if (smallest != i)
            aswap(arr, i, smallest);
    }
}

static void urgly_bubble_sort(int * arr, size_t size)
{
    for (size_t j = 0; j + 1 < size; j++) {
        for (size_t i = 1; i + j < size; i++) {
            if (arr[i - 1] > arr[i]) {
                aswap(arr, i - 1, i);
            }
        }
    }
}

static void bubble_sort(int * arr, size_t size)
{
    while (size > 1) {
        size_t last = 0;                        //用于记录最后一个交换点
        for (size_t i = 1; i < size; i++) {
            if (arr[i - 1] > arr[i]) {          //进行冒泡
                aswap(arr, i - 1, i);
                last = i;
            }
        }
        //对于 last 及以后的数组元素,因没有交换,故已经排好序了
        //设置需要排序的数组长度为 last,以去除不必要的运算
        size = last;
    }
}

static void duo_bubble_sort(int * arr, size_t size)
{
    size_t left = 0, right = size;
    while (left + 1 < right) {
        size_t last = 0;
        for (size_t i = 1; i < size; i++) {
            if (arr[i - 1] > arr[i]) {
                aswap(arr, i - 1, i);
                last = i;
            }
        }
        right = last;
        for (size_t i = last - 1; i + 1 > left; i--) {
            if (arr[i] < arr[i - 1]) {
                aswap(arr, i, i - 1);
                last = i;
            }
        }
```

```
        left = last;
    }
}

int* search(const int* arr, size_t n, int key)
{
    for (size_t i = 0; i < n; i++) {
        if (arr[i] == key)
            return (int*)arr + i;
    }
    return NULL;
}

int* bin_search(const int* arr, size_t size, int key)
{
    size_t left = 0, right = size;          //搜索区间为[left, right),即不包含 right
    while (left < right) {                  //搜索空间不为空
        size_t mid = left + (right - left) / 2;
        /*不可写成(left + right) / 2, left + right 可能超界回绕*/
        if (key == arr[mid])
            return (int*)arr + mid;
        else if (key < arr[mid])
            right = mid;                    //搜索空间不包含右边界,mid 不用减 1
        else
            left = mid + 1;                 //搜索空间包含左边界,因此是 mid 的下一个
    }
    return NULL;
}

void* gen_bin_search(const void* key, const void* base, size_t nmemb, size_t
size, int (*compr)(const void*, const void*))
{
    size_t left = 0, right = size;
    while (left < right) {
        size_t mid = left + (right - left) / 2;
        const char* p = (const char*)base + mid * nmemb;
        int r = compr(key, p);
        if (r == 0)
            return (void*)p;
        else if (r < 0)
            right = mid;
        else
            left = mid + 1;
    }
    return NULL;
}

static int compar_int(const void* p1, const void* p2)
{
    const int* i1 = (const int*)p1, * i2 = (const int*)p2;
```

```
    /*
        因存在越界可能,故不可写成 return *i1 - *i2;
        需要写成
        if (*i1 > *i2)
            return 1;
        else if (*i1 < *i2)
            return -1;
        else
            return 0;
        或者利用布尔类型只有 0 和 1 的特性转换成整数来运算,从而避免越界的可能
    */
    return (*i1 > *i2) - (*i1 < *i2);
}

static void test_sort_and_search()
{
    int array[] = { 10, 5, 1, 7, 20, 6 };
    int* p;

    duo_bubble_sort(array, 6);
    for (int i = 0; i < 6; i++) {
        printf("%d ", array[i]);
    }
    printf("\n");
    for (int i = 0; i < 6; i++) {
        p = (int*)gen_bin_search(array + i, array, sizeof(int), 6, compar_int);
        assert(p == array + i);
        printf("%d ", *p);
    }
}
#define ARRAY_LEN 50000

static double fuc_time(int* arr, size_t size, void (*fun)(int*, size_t))
{
    auto start = std::chrono::system_clock::now();
    fun(arr, size);
    auto end = std::chrono::system_clock::now();
    std::chrono::duration<double> elapsed_seconds = end - start;
    return elapsed_seconds.count();
}
static void libc_qsort(int* array, size_t size)
{
    qsort(array, size, sizeof(int), compar_int);
}

static void cpp_qsort(int* array, size_t size)
{
    std::sort(array, array + size);
}
```

```
static void revert(int * arr, size_t size)
{
    int * p = arr, * q = arr + size - 1;
    while (p < q)
        * p++ = * q--;
}

static void disturb(int * arr, size_t size)
{
    for (size_t i = 0; i < size / 100; i++)
        arr[rand() % size] = rand();
}

static void test_speed()
{
    int * test_data, * sort_data;
    std::chrono::system_clock::time_point start, end;

    test_data = (int * )malloc(ARRAY_LEN * sizeof(int));
    sort_data = (int * )malloc(ARRAY_LEN * sizeof(int));
    for (int i = 0; i < ARRAY_LEN; i++)
        test_data[i] = rand();
    std::cout << "------------random data sort------------" << std::endl;
    memcpy(sort_data, test_data, ARRAY_LEN * sizeof(int));
    std::cout << "swap:" << fuc_time(sort_data,
        ARRAY_LEN, swap_sort) << std::endl;
    memcpy(sort_data, test_data, ARRAY_LEN * sizeof(int));
    std::cout << "select:" << fuc_time(sort_data,
        ARRAY_LEN, select_sort) << std::endl;
    memcpy(sort_data, test_data, ARRAY_LEN * sizeof(int));
    std::cout << "urgly bubble:" << fuc_time(sort_data,
        ARRAY_LEN, urgly_bubble_sort) << std::endl;
    memcpy(sort_data, test_data, ARRAY_LEN * sizeof(int));
    std::cout << "bubble:" << fuc_time(sort_data,
        ARRAY_LEN, bubble_sort) << std::endl;
    memcpy(sort_data, test_data, ARRAY_LEN * sizeof(int));
    std::cout << "duo bubble:" << fuc_time(sort_data,
        ARRAY_LEN, duo_bubble_sort) << std::endl;
    memcpy(sort_data, test_data, ARRAY_LEN * sizeof(int));
    std::cout << "quick:" << fuc_time(sort_data,
        ARRAY_LEN, quick_sort) << std::endl;
    memcpy(sort_data, test_data, ARRAY_LEN * sizeof(int));
    std::cout << "libc quick:" << fuc_time(sort_data,
        ARRAY_LEN, libc_qsort) << std::endl;
    memcpy(sort_data, test_data, ARRAY_LEN * sizeof(int));
    std::cout << "c++ sort:" << fuc_time(sort_data,
        ARRAY_LEN, cpp_qsort) << std::endl;
    std::cout << "-----------ordered data sort--------------" << std::
endl;
    std::cout << "swap:" << fuc_time(sort_data,
```

```
        ARRAY_LEN, swap_sort) << std::endl;
    std::cout << "select:" << fuc_time(sort_data,
        ARRAY_LEN, select_sort) << std::endl;
    std::cout << "urgly bubble:" << fuc_time(sort_data,
        ARRAY_LEN, urgly_bubble_sort) << std::endl;
    std::cout << "bubble:" << fuc_time(sort_data,
        ARRAY_LEN, bubble_sort) << std::endl;
    std::cout << "duo bubble:" << fuc_time(sort_data,
        ARRAY_LEN, duo_bubble_sort) << std::endl;
    std::cout << "quick:" << fuc_time(sort_data,
        ARRAY_LEN, quick_sort) << std::endl;
    std::cout << "libc quick:" << fuc_time(sort_data,
        ARRAY_LEN, libc_qsort) << std::endl;
    std::cout << "c++ sort:" << fuc_time(sort_data,
        ARRAY_LEN, cpp_qsort) << std::endl;
    revert(sort_data, ARRAY_LEN);
    memcpy(test_data, sort_data, ARRAY_LEN * sizeof(int));
    std::cout << "-----------revert data sort---------------" << std::::
endl;
    memcpy(sort_data, test_data, ARRAY_LEN * sizeof(int));
    std::cout << "swap:" << fuc_time(sort_data,
        ARRAY_LEN, swap_sort) << std::endl;
    memcpy(sort_data, test_data, ARRAY_LEN * sizeof(int));
    std::cout << "select:" << fuc_time(sort_data,
        ARRAY_LEN, select_sort) << std::endl;
    memcpy(sort_data, test_data, ARRAY_LEN * sizeof(int));
    std::cout << "urgly bubble:" << fuc_time(sort_data,
        ARRAY_LEN, urgly_bubble_sort) << std::endl;
    memcpy(sort_data, test_data, ARRAY_LEN * sizeof(int));
    std::cout << "bubble:" << fuc_time(sort_data,
        ARRAY_LEN, bubble_sort) << std::endl;
    memcpy(sort_data, test_data, ARRAY_LEN * sizeof(int));
    std::cout << "duo bubble:" << fuc_time(sort_data,
        ARRAY_LEN, duo_bubble_sort) << std::endl;
    memcpy(sort_data, test_data, ARRAY_LEN * sizeof(int));
    std::cout << "quick:" << fuc_time(sort_data,
        ARRAY_LEN, quick_sort) << std::endl;
    memcpy(sort_data, test_data, ARRAY_LEN * sizeof(int));
    std::cout << "libc quick:" << fuc_time(sort_data,
        ARRAY_LEN, libc_qsort) << std::endl;
    memcpy(sort_data, test_data, ARRAY_LEN * sizeof(int));
    std::cout << "c++ sort:" << fuc_time(sort_data,
        ARRAY_LEN, cpp_qsort) << std::endl;
    disturb(sort_data, ARRAY_LEN);
    memcpy(test_data, sort_data, ARRAY_LEN * sizeof(int));
    std::cout << "-------1% disturbed  data sort---------" << std::endl;
    memcpy(sort_data, test_data, ARRAY_LEN * sizeof(int));
    std::cout << "swap:" << fuc_time(sort_data,
        ARRAY_LEN, swap_sort) << std::endl;
    memcpy(sort_data, test_data, ARRAY_LEN * sizeof(int));
```

```
    std::cout << "select:" << fuc_time(sort_data,
        ARRAY_LEN, select_sort) << std::endl;
    memcpy(sort_data, test_data, ARRAY_LEN * sizeof(int));
    std::cout << "urgly bubble:" << fuc_time(sort_data,
        ARRAY_LEN, urgly_bubble_sort) << std::endl;
    memcpy(sort_data, test_data, ARRAY_LEN * sizeof(int));
    std::cout << "bubble:" << fuc_time(sort_data,
        ARRAY_LEN, bubble_sort) << std::endl;
    memcpy(sort_data, test_data, ARRAY_LEN * sizeof(int));
    std::cout << "duo bubble:" << fuc_time(sort_data,
        ARRAY_LEN, duo_bubble_sort) << std::endl;
    memcpy(sort_data, test_data, ARRAY_LEN * sizeof(int));
    std::cout << "quick:" << fuc_time(sort_data,
        ARRAY_LEN, quick_sort) << std::endl;
    memcpy(sort_data, test_data, ARRAY_LEN * sizeof(int));
    std::cout << "libc quick:" << fuc_time(sort_data,
        ARRAY_LEN, libc_qsort) << std::endl;
    memcpy(sort_data, test_data, ARRAY_LEN * sizeof(int));
    std::cout << "c++ sort:" << fuc_time(sort_data,
        ARRAY_LEN, cpp_qsort) << std::endl;
}

int main()
{
    test_sort_and_search();
    std::cout << std::endl;
    test_speed();
}
```

使用 gcc 14.2 版本，采用-O3 优化，其结果如下：

```
1 5 6 7 10 20
------------random data sort------------
swap:3.02837
select:1.0129
urgly bubble:3.70183
bubble:3.65803
duo bubble:3.42922
quick:0.0032327
libc quick:0.0629943
c++ sort:0.0024797
-----------ordered data sort--------------
swap:0.891271
select:0.996204
urgly bubble:0.927001
bubble:5.37e-05
duo bubble:4.4e-05
quick:0.0009583
libc quick:0.0496058
```

```
c++ sort:0.0005701
-----------revert data sort---------------
swap:1.63535
select:1.14303
urgly bubble:2.55711
bubble:2.23359
duo bubble:2.69983
quick:0.419165
libc quick:0.199511
c++ sort:0.003313
-------1% disturbed  data sort---------
swap:0.912745
select:0.962031
urgly bubble:0.951323
bubble:0.494503
duo bubble:0.0373924
quick:0.0017321
libc quick:0.0636333
c++ sort:0.0019183
```

使用 Visual studio 17.11 环境，Ox 选项，速度优先，其结果如下：

```
1 5 6 7 10 20
1 5 6 7 10 20
------------random data sort------------
swap:3.63537
select:2.97241
urgly bubble:2.41587
bubble:2.50359
duo bubble:2.06708
quick:0.0029583
libc quick:0.061344
c++ sort:0.0026408
-----------ordered data sort--------------
swap:0.865531
select:3.00186
urgly bubble:0.847453
bubble:6.01e-05
duo bubble:4.6e-05
quick:0.0010617
libc quick:0.0469188
c++ sort:0.0007789
-----------revert data sort---------------
swap:1.67066
select:2.97712
urgly bubble:1.28868
bubble:0.870233
duo bubble:1.36972
quick:0.451879
```

```
libc quick:0.16833
c++ sort:0.0015339
-------1% disturbed  data sort---------
swap:0.887909
select:2.9696
urgly bubble:0.926548
bubble:0.489595
duo bubble:0.0207122
quick:0.0017529
libc quick:0.0591032
c++ sort:0.0011878
```

案例分析：

这个测试使用了C++代码，这是因为C++的排序算法采用的是内省算法，相当优秀，可以作为比较的标杆。最后的扰动1%已经排序好的数据，会发现双向冒泡排序有很好的性能，虽然是针对5万整数数组进行，但在实际选择中，一定要进行相似环境的测试，只进行理论分析是不够的。

上述程序中，test_sort_and_search()函数实现数组的排序和元素查找功能。static void aswap(int * arr, int i, int j)实现数组中相应元素的交换。程序中有4个函数实现数组的排序：static void swap_sort(int * arr, size_t size)函数、static void quick_sort(int * arr, size_t n)函数、static void select_sort(int * arr, size_t size)函数、static void bubble_sort(int * arr, size_t size)函数。那么，这4个排序函数有什么不同？同样，程序中有3个查找函数：int * search(const int * arr, size_t n, int key)函数、int * bin_search(const int * arr, size_t size, int key)、void * gen_bin_search(const void * key, const void * base, size_t nmemb, size_t size, int (* compr)(const void * , const void *))函数，它们有什么区别？

7.9 指针和数组应用中的常见错误

7.9.1 自动变量数组的越界访问

自动数组位于栈中，栈访问越界是十分危险的，因为返回地址也在栈中，如果出现栈访问越界，不仅会产生莫名其妙的运行结果，更可能被黑客利用攻击，因此现代的编译器均加入了栈运行时检查，尽管通常只在调试编译有效，但仍能排除很多栈溢出产生的错误。编译以下代码，去除优化选项，对于gcc，需要加入-fno-stack-protector编译选项，对于微软的C编译器，需要去除基本运行时检查(设为默认即可，即去除所有的/RTCx选项)。运行时输入10，这时已经超出了数组的有效访问范围，查看结果如下：

```
#include <stdio.h>
int main()
{
    int a = 0;
    int arr[10];
```

```
    int b = 0;
    int idx;

    scanf("%d", &idx);
    arr[idx] = -1;
    printf("a = %d, b=%d\n", a, b);
    return 0;
}
```

这个结果在不同的编译器下结果可能不同，但是都有可能使a或者b被修改为−1，但程序里没有任何语句对a和b进行过修改。如果编译器有堆栈的运行检查，则会报栈破碎而退出(stack smashing detected)。

7.9.2 全局数组的越界访问

全局数组在数据段中，数据段的大小在编译时刻决定，运行时不可改变，对全局数组的访问越界后，除了可能修改其他的全局变量外，当超出数据段的尺寸后都会报段错误而退出(Segmentation fault)。编译以下代码并运行，注意仍然需要去除编译器的优化选项。

```
#include <stdio.h>
int garr[100];
int d = 0;
int main()
{
    int size = 0;
    while(1) {
        garr[size] = 1;
        printf("%d->%d\n", size, d);
        size++;
    }
    return 0;
}
```

运行以上程序，gcc编译情况下，d在size＝100时被改为了1，由于全局变量很少，当size大约为1000时，程序报段错误而退出，这个数值正好是内存一页(4K)的长度。在微软的编译器下，d不会被更改，但也是size为1000左右时退出。当前还没有好的工具检查全局数组的越界，但好在工程里很少使用全局变量，检测不到的问题并不突出。

7.9.3 分配数组的越界访问

通过malloc/realloc在堆中分配内存(数组)是最常用的手段。但是，C语言对于这个数组仍然没有保护措施，当访问超界后，会报告错误而退出。很多时候，这个退出的时机还比较靠后，只有在超出范围修改其他分配的数据，以及内存管理系统出错后再次调用malloc/realloc/free等堆管理函数时才会显露出来，这类错误是软件产品中最常见的错误，也是很令人头疼的错误。编译并运行以下例子：

```
#include <stdio.h>
int main()
{
    int size = 0;
    int *p;
    p = malloc(100 * sizeof(int));
    while(1) {
        p[size] = 1;
        printf("%d\n", size);
        size++;
    }
    return 0;
}
```

这个程序运行到 size 为几千后会报告错误而退出，即访问超过 100 后并不会立刻报错，因此查找该类错误十分困难。再看以下测试代码：

```
#include <stdio.h>
int main()
{
    int *p;
    p = malloc(100 * sizeof(int));
    for (int i = 0; i <= 100; i++) {
        p[i] = i;
    }
    free(p);
    return 0;
}
```

显然超出了一个整数，但这个程序在不同环境的不同编译器下运行也不一样，有的可能不报错，有的可能在 free 时报错。但是，这个错误可以通过 valgrind 这类工具检测出来。例如：

```
$valgrind ./test
...
==10033== Invalid write of size 4
==10033==    at 0x109232: main (test1.c:9)
==10033==  Address 0x4a9e1d0 is 0 bytes after a block of size 400 alloc'd
==10033==  at 0x4848899: malloc (in /usr/libexec/valgrind/vgpreload_memcheck-
amd64-linux.so)
==10033==    by 0x10920D: main (test1.c:7)
...
```

虽然只有 4 字节，但仍然被检测出 test1.c 的第 9 行发生了无效写入。valgrind 还可以检查出只做了分配而没有释放的内存块，这种情况称为内存泄漏，例如把上面的“free(p);”执行后再运行。例如：

```
$valgrind --leak-check=full ./test
...
```

```
==10132== 400 bytes in 1 blocks are definitely lost in loss record 1 of 1
==10132== at 0x4848899: malloc (in /usr/libexec/valgrind/vgpreload_memcheck-
amd64-linux.so)
==10132==    by 0x1091ED: main (test1.c:7)
==10132==
==10132== LEAK SUMMARY:
==10132==    definitely lost: 400 bytes in 1 blocks
==10132==    indirectly lost: 0 bytes in 0 blocks
==10132==      possibly lost: 0 bytes in 0 blocks
==10132==    still reachable: 0 bytes in 0 blocks
==10132==         suppressed: 0 bytes in 0 blocks
...
```

报告显示 test1.c 里的第 7 行分配的 400 字节(100 个整数,每个整数 4 字节)没有释放,最后还报告了所有的内存泄漏摘要。尽管能被工具检查出来,但前提是测试用例一定能触发这些错误,否则它们还是隐藏的缺陷。这也要求程序员要有好的习惯,分配的内存一定要释放,数组用多少开多少,访问数组时要精确计算下标,不要越界。

7.9.4　内存对齐错误

计算机进行计算时,需要把内存中的数据转移到 CPU 的寄存器里才能运算。这个传递过程是通过数据总线来完成的,数据总线有一定的宽度,不同的 CPU 总线宽度不同,如 32 根数据总线、64 根数据总线。一个整数,如果存放的地址能被总线宽度整除,那么一次就可以转移到寄存器,否则需要多次完成,这大大降低了传递的效率。除了效率问题,一些 RISC 的 CPU,如老式的 MIPS、PowerPC、ArmV7 等不支持多次传递,这些数据必须放在整数倍的地址上,否则会触发类似 SIGSEGV 的错误,称为总线错误,即 SIGBUS。通常情况下,编译器会自动对齐这些数据,但使用指针时,可能出现不对齐的情况,这在不支持多次传递的 CPU 上无法运行。x86 的 CPU 上通常都不会遇到这个问题,但是可以打开对齐检查,以发现这类隐患。这里我们使用了嵌入式汇编,并指定是 gcc 编译。例如:

```
#include <stdio.h>
int main()
{
#if defined(__GNUC__)
#if defined(__i386__)
    //x86,打开对齐检查,寄存器为 esp
    __asm__("pushf\norl $0x40000,(%esp)\npopf");
#elif defined(__x86_64__)
    //x64, 打开对齐检查,寄存器为 rsp
    __asm__("pushf\norl $0x40000,(%rsp)\npopf");
#endif
#endif
    char s[10];
    int *p = (int *)(s + 1);
    *p = -1;
    printf("%d", *p);
}
```

这里，有一个长度为10的字符型数组，显然可以存储一个整数，但存储的起始地址却是从s[1]处开始的，而不是s[0]，编译器会自动对齐栈里的数据，加1后即不可被4整除。运行时，当执行到 * p=-1 时将产生总线错误而退出。虽然这类错误已经十分罕见，但为了提高效率，我们也需要注意数据对齐的问题，这对于向量指令的运算尤其重要。对于任意类型的数据，支持C11的编译器都可以使用_Alignof操作符使其对齐。

7.10 本章小结

数组是一组数据类型相同的元素。数组元素按顺序存储在内存中，通过整数下标可以访问各元素。在C语言中，数组首元素的下标是0，所以对于内含n个元素的数组，其最后一个元素的下标是n−1。作为程序员，要确保使用有效的数组下标，因为编译器和运行的程序都不会检查下标的有效性。

声明一个简单的一维数组的形式如下：

```
type name [ size ];
```

这里，type是数组中每个元素的数据类型，name是数组名，size是数组元素的个数。对于传统的C数组，要求size是整型常量表达式，但是C99/C11允许使用整型非常量表达式，这种情况下的数组称为变长数组。

C语言把数组名解释为该数组首元素的地址，即数组名与指向该数组首元素的指针等价。数组和指针的关系十分密切。如果ar是一个数组，那么表达式ar[i]和 * (ar+i)等价。

对于C语言而言，不能把整个数组作为参数传递给函数，但是可以传递数组的地址，然后函数可以使用传入的地址操控原始数组。如果函数没有修改原始数组的意图，则应在声明函数的形式参数时使用关键字const。在被调函数中，可以使用数组表示法或指针表示法，无论使用哪种表示法，实际上使用的都是指针变量。

指针加上一个整数或递增指针，指针的值以所指向对象的大小为单位改变。也就是说，如果pd指向一个数组的8字节double类型值，那么pd加1意味着其值加8，以便它指向该数组的下一个元素。

二维数组即数组的数组。

7.11 课后习题

1. 内含10个元素的数组下标的范围是什么？

2. 下面的程序将打印什么内容？

```
#include <stdio.h>
int main(void)
{
int ref[] = { 8, 4, 0, 2 };
int *ptr;
int index;
```

```
for (index = 0, ptr = ref; index < 4; index++, ptr++)
printf("%d %d\n", ref[index], * ptr);
return 0;
}
```

3. 在题 2 中，ref 有多少个元素？

4. 在题 2 中，ref 的地址是什么？ ref ＋ 1 是什么意思？ ＋＋ref 指向什么？

5. 在下面的代码中，* ptr 和 * (ptr ＋ 2)的值分别是什么？

a.

```
int * ptr;
int torf[2][2] = {12, 14, 16};
ptr = torf[0];
```

b.

```
int * ptr;
int fort[2][2] = { {12}, {14,16} };
ptr = fort[0];
```

6. 在下面的代码中，**ptr 和**(ptr ＋ 1)的值分别是什么？

a.

```
int (* ptr) [2];
int torf[2][2] = {12, 14, 16};
ptr = torf;
```

b.

```
int (* ptr) [2];
int fort[2][2] = { {12}, {14,16} };
ptr = fort;
```

7. 假设有下面的声明：

```
int grid[30][100];
```

a. 用 1 种写法表示 grid[22][56]。

b. 用 2 种写法表示 grid[22][0]。

c. 用 3 种写法表示 grid[0][0]。

8. 正确声明以下各变量：

a. digits 是一个内含 10 个 int 类型值的数组。

b. rates 是一个内含 6 个 float 类型值的数组。

c. mat 是一个内含 3 个元素的数组，每个元素都是内含 5 个整数的数组。

d. psa 是一个内含 20 个元素的数组，每个元素都是指向 int 的指针。

e. pstr 是一个指向数组的指针，该数组内含 20 个 char 类型的值。

9. 编写一个函数，返回存储在 int 类型数组中的最大值，并在一个简单的程序中测试该函数。

10. 编写一个函数，返回存储在 double 类型数组中最大值的下标，并在一个简单的程序中测试该函数。

11. 编写一个函数，返回存储在 double 类型数组中最大值和最小值的差值，并在一个简单的程序中测试该函数。

12. 编写一个函数，把 double 类型数组中的数据倒序排列，并在一个简单的程序中测试该函数。

13. 编写一个函数，把两个数组中相对应的元素相加，然后把结果存储到第 3 个数组中。也就是说，如果数组 1 中包含的值是 2、4、5、8，数组 2 中包含的值是 1、0、4、6，那么该函数把 3、4、9、14 赋给第 3 个数组。函数接收 3 个数组名和一个数组大小。在一个简单的程序中测试该函数。

14. 编写一个程序，声明一个 int 类型的 3×5 二维数组，并用合适的值初始化它。该程序打印数组中的值，然后各值翻倍(原值的 2 倍)，并显示各元素的新值。编写一个函数显示数组的内容，再编写一个函数把各元素的值翻倍。这两个函数都以函数名和行数作为参数。

第 8 章　字符、字符串和字符串函数

8.1　本章内容

本章介绍以下内容：

- 函数：gets()、puts()、scanf()、strcat()、strcmp()、strcpy()、printf()等。
- 创建并使用字符串。
- 使用 C 库中的字符和字符串函数，并创建自定义的字符串函数。
- 使用命令行参数。

字符串是 C 语言中最有用、最重要的数据类型之一。C 库提供了大量的函数用于读写字符串、复制字符串、比较字符串、合并字符串、查找字符串等。通过本章的学习，读者将进一步提高自己的编程水平。

8.2　字符数组与字符串

用来存放字符的数组称为字符数组。例如：

```
char a[10];                                        //一维字符数组
char b[5][10];                                     //二维字符数组
char c[20]={'c', '  ', 'p', 'r', 'o', 'g', 'r', 'a','m'};
                                                   //给部分数组元素赋值
char d[]={'c', ' ', 'p', 'r', 'o', 'g', 'r', 'a', 'm' };
                                                   //为全体元素赋值时可以省去长度
```

字符数组实际上是一系列字符的集合，也就是字符串（string）。在 C 语言中，没有专门的字符串变量，通常就用一个字符数组来存放一个字符串，例如：

```
char bigcstr[30] = {"www.bigc.edu.cn"};
char bigcstr[30] = "www.bigc.edu.cn";
char bigcstr[] = {"www.bigc.edu.cn"};
char bigcstr[] = "c.biancheng.net";
```

字符数组也是按照下标使用数组元素的，如上面的数组元素 bigcstr[2]存储的字符为'w'。

字符串是一系列连续的字符的组合，用一维数组的形式存储。但是，C 语言数组在传递

到函数时，自身并不带有数组的长度，如果像数组传递一样使用头指针和长度来处理，显然十分麻烦，里奇在创造C语言时采用了一个简单的处理方法，使用ASCII字符集合里的第一个字符——空字符(NUL)，也就是数字0(字符'\0')来表示文字的结束，这样遍历数组直到遇到0即可得知字符串的长度，这样的ASCII编码也称为ASCIIZ编码，而'\0'也被称为字符串结束标志或者字符串结束符，如图8.1所示。

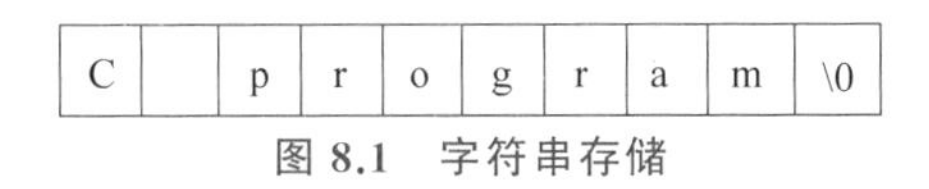

C		p	r	o	g	r	a	m	\0

图8.1 字符串存储

当用字符数组存储字符串时，要特别注意'\0'，要为'\0'留一个位置；这意味着，字符数组的长度至少要比字符串的长度大1。尤其是在为单独元素赋初值时，要特别注意'\0'的位置。

字符串长度是指字符串包含多少个字符，不包括最后的结束符'\0'。例如"abc"的长度是3，而不是4。

在C语言中，使用string.h头文件中的strlen()函数求字符串的长度。

案例8.1 字符串定义初始化和测长度。

```
#include <stdio.h>
#include <string.h>                              //strlen()所在的头文件
int main()
{
    char str[] = "www.bigc.edu.cn";
    long len = strlen(str);
    printf("The lenth of the string is %ld.\n", len);
    return 0;
}
```

案例分析：

运行结果：

```
The lenth of the string is 15.
```

8.3 字符串输入/输出函数

在C语言中，有多个函数可以用来在显示器上输出数据。

- printf()：可以输出各种类型的数据。
- puts()：只能输出字符串，并且输出结束后会自动换行。
- putchar()：只能输出单个字符。

C语言有多个函数可以从键盘获得用户输入。

- scanf()：和printf()类似，scanf()可以输入多种类型的数据。
- getchar()、getche()、getch()：这三个函数都用于输入单个字符。
- gets()：获取一行数据，并作为字符串处理。

然而，scanf()和 gets()由于没有传递字符串数组的最大可接收长度，在历史上成为黑客十分常用的攻击手段，当前已经不再使用，建议使用 fgets()来从标准输入和文件中读取字串，例如：

```
char s[80];
char *ps;
ps = fgets(s, 80, stdin);
```

若 ps 为空，则表示在读取字符串时没有获得任何输入，否则其值等于 s，stdin 即预先就打开的标准输入文件对象。

C 语言中的输入/输出(I/O)通常使用 printf()和 scanf()这两个函数，在 stdio.h 头文件中声明。关于 scanf()和 printf()函数的使用详见 2.4 节。

8.3.1　getchar()和 putchar()

使用 getchar()和 putchar()函数也需要添加 stdio.h 头文件。getchar()函数从屏幕读取下一个可用的字符，并把它返回为一个整数。这个函数在同一个时间内只会读取一个单一的字符，可以在循环内使用这个方法，以便从屏幕上读取多个字符。putchar(int c)函数把字符输出到屏幕上，并返回相同的字符。这个函数在同一个时间内只会输出一个单一的字符。可以在循环内使用这个方法，以便在屏幕上输出多个字符。

案例 8.2　getchar()和 putchar()函数。

```
#include <stdio.h>
int main() {
    int c;
    printf("Enter a value :");
    c = getchar();
    printf("\nYou entered: ");
    putchar(c);
    printf("\n");
    return 0;
}
```

8.3.2　fgets()和 puts()

使用 fgets()和 puts()函数也需要添加 stdio.h 头文件。char * fgets(char * s, int size, FILE * stream)函数从文件中的 stream 读取一行到 s 所指向的缓冲区，直到遇到一个终止符或 EOF。当使用标准输入时，可以传递预打开的标准输入文件对象 stdin。int puts(const char * s)函数把字符串 s 和一个尾随的换行符写入 stdout。注意：和 fgets()类似的还有 gets()函数和 gets_s(C11)函数，gets()函数因为没有传递字符串的长度而面临被攻击的风险，gets_s()作为可选函数并不是所有 C 标准库都实现了它，原因将在下节讲解，因此建议使用 fgets()函数来输入字符串。

案例 8.3 gets()和 puts()函数。

```
#include <stdio.h>
int main( )
{
    char str[100];
    printf( "Enter a str :");
    fgets( str,100,stdin );
    printf( "\nYou entered: ");
    puts( str );
    return 0;
}
```

案例分析：

fgets()可以直接输入字符串，并且只能输入字符串。fgets() 认为空格也是字符串的一部分，只有遇到 Enter 键时才认为字符串输入结束，所以，不管输入了多少个空格，只要不按下 Enter 键，对 fgets() 来说就是一个完整的字符串。换句话说，fgets() 用来读取一整行字符串。puts()可以输出字符串并自动换行，该函数只能输出字符串。当上面的代码被编译和执行时，它会等待用户输入一些文本，当用户输入一个文本并按下 Enter 键时，程序会读取一整行直到该行结束。

8.4 字符串函数

除了输入/输出函数之外，C 语言还提供了丰富的字符串处理函数，可以对字符串进行合并、修改、比较、转换、复制、搜索等操作。表 8.1 所示为部分字符串处理函数。

表 8.1 字符串处理函数

函　数	说　明
size_t strlen(cs)	返回字符串的长度，不包括字符串结束符 null
char * strcpy(t,cs)	将 cs(包括'\0')复制到 t 中，并返回 t
char * strcat(t,cs)	把 cs 连接到 t 的尾部，并返回 t
int strcmp(ct,cs)	比较字符串 ct 和 cs，根据字符的大小相应返回负数、0、正数
char * strncpy(t,cs)	把 cs 的前 n 个字符复制到 t 中，并返回 t
char * strncat(t,cs)	把 cs 的前 n 个字符连接到 t 的尾部，并返回 t
int strncmp(ct,cs)	比较字符串 ct 和 cs 的前 n 个字符，返回对应值
char * strchr(cs,c)	返回字符 c 在 cs 中第一次出现的位置，若不存在，返回 NULL
char * strrchr(cs,c)	返回字符 c 在 cs 中最后一次出现的位置，若不存在，返回 NULL
char * strpbrk(cs,ct)	返回 ct 中的任意字符在 cs 中第一次出现的位置
char * strstr(cs,ct)	返回子串 ct 在 cs 中第一次出现的位置

续表

函　　数	说　　明
size_t strspn(cs,ct)	返回 cs 中包括 ct 中的字符的前缀的长度
size_t strcspn(cs,ct)	返回 cs 中不包括 ct 中的字符的前缀的长度,取补
char * strtok(s,ct)	返回在 s 中搜索由 ct 中的分隔符界定的记号

除了这些常用的古典字符串函数外,C11 还制定了相对安全的可选函数,例如 strcpy_s、strcat_s、strnlen_s、strtok_s 等,通过传递字符串长度以达到较高的安全性。但在实践中,尽管损失性能在多数情况下无关紧要,但是其默认鼓励字符串截断会造成很多问题,因为编码多数是 UTF-8 编码的字符串,因此有些系统并不热衷于实现这些可选函数。安全是一个广泛的议题,应当因地制宜,通常情况下,对于对外数据交换代码,例如当从网络、文件、设备等读入信息时,需要特别注意缓冲区溢出并做数据合法性检查,而在内部处理时,则应当通过规格设计来保证其安全性和效率。

案例 **8.4**　字符串处理函数。

```
#include <stdio.h>
#include <string.h>

int main() {
    char str1[14] = "runoob";
    char str2[14] = "google";
    char str3[14];
    int len;

    /* 复制 str1 到 str3 */
    strcpy(str3, str1);
    printf("strcpy( str3, str1) :  %s\n", str3);

    /* 连接 str1 和 str2 */
    strcat(str1, str2);
    printf("strcat( str1, str2):   %s\n", str1);

    /* 连接后,str1 的总长度 */
    len = strlen(str1);
    printf("strlen(str1) :  %d\n", len);

    printf("str1= %s\n", str1);
    printf("str2= %s\n", str2);
    printf("str3= %s\n", str3);

    return 0;
}
```

案例分析：

strcat 是 string catenate 的缩写，意思是把两个字符串拼接在一起，语法格式为

```
strcat(arrayName1, arrayName2);
```

arrayName1、arrayName2 为需要拼接的字符串。

strcat()将把 arrayName2 连接到 arrayName1 的后面，并删除原来 arrayName1 最后的结束标志'\0'。这意味着 arrayName1 必须足够长，要能够同时容纳 arrayName1 和 arrayName2，否则会越界(超出范围)。strcat()的返回值为 arrayName1 的地址。

strcpy 是 string copy 的缩写，意思是字符串复制，即将字符串从一个地方复制到另一个地方，语法格式为

```
strcpy(arrayName1, arrayName2);
```

strcpy()会把 arrayName2 中的字符串复制到 arrayName1 中，字符串结束标志'\0'也一同复制。strcpy() 要求 arrayName1 要有足够的长度，否则不能全部装入所复制的字符串。

strcmp 是 string compare 的缩写，意思是字符串比较，语法格式为

```
strcmp(arrayName1, arrayName2);
```

arrayName1 和 arrayName2 是需要比较的两个字符串。

字符本身没有大小之分，strcmp() 以各个字符对应的 ASCII 码值进行比较。strcmp() 从两个字符串的第 0 个字符开始比较，如果它们相等，就继续比较下一个字符，直到遇见不同的字符，或者到字符串的末尾。

返回值：若 arrayName1 和 arrayName2 相同，则返回 0；若 arrayName1 大于 arrayName2，则返回大于 0 的值；若 arrayName1 小于 arrayName2，则返回小于 0 的值。

8.5 字符编码

字符编码指为每个字符分配唯一的数字，以便于文字信息在设备间进行交换和存储。字符编码应当覆盖当前使用的所有文字，并且便于处理。由于字符编码全球需求的复杂性，其经历了曲折的发展阶段。

8.5.1 ASCII 编码

ASCII 编码的全名为美国信息交换标准代码，最早是用于计算机系统的标准编码，也是 IEEE 即美国电气和电子工程师协会的里程碑成果之一。但这个编码是由电报码发展而来，由美国标准协会(ASA)(现为美国国家标准协会或 ANSI) X3.2 小组委员会在 1963 年首次出版，在 1967 年进行了大幅修正，并在 1986 年做了最后的修正。

ASCII 编码的设计有两个着眼点，一是便于英文的排序，二是便于控制电传打印机以及终端。因此，其 32 之前均为控制字符，包括常见的空字符(0)、水平制表符(9)、换行字符

(10)、回车符(13)等,但现在大量的控制符失去了其原来的作用或改为他用。空格以后一直到 126 均为可见字符,为了排序方便,从空格(32)开始到数组 0(48)之间直接插入了标点符号和引号等,数字按照顺序排列,从 0(48)一直到 9(57),其后是":;<=>? @"符号,然后是大写字母 A(65)到 Z(90),其后是"[\]^_`"符号,其后是小写字母 a(97)到 z(122),其后是"{|}~"符号,最后一个 127 对应的是用于清除设备上错误的控制字符 DEL(127),当前还有的终端模拟器上使用 DEL(127)字符(Ctrl+? 键)以清除当前输入行。

ASCII 编码是 7 位编码,也就是编码从 0~2^7-1,即从 0 到 127,这是因为考虑到数据在设备上传输,最高位可以用于校验传输的正确性。

ASCII 最早并不是用于表示可视打印信息的,相反,是用于控制使用 ASCII 的设备,如打印机或者数据流的元信息,如古老的磁带机。当初 DEC 公司(后被 Compaq 公司收购,Compaq 公司又被 HP 公司收购,当时是领先的小型机企业)为了控制电传打印机和终端,在操作系统里使用两个字符表示一行的结尾,即回车(10)和换行符号(13)。但不幸的是,这是一个不严谨的设计,两个字符造成了不必要的复杂性和混乱,后来的 UNIX 等系统改为用单一的换行来表示一行的结束。然而,更不幸的是,IBM 公司发布了个人机 IBM-PC,选择 DOS 作为其操作系统,而 DOS(也包括其竞品 CP/M)继承了 DEC 关于换行采用两个字符的约定,于是这个问题一直延续到 Windows 的各个版本,至今仍然存在。微软的操作系统中,在打开文件时,提供文本和二进制打开文件方式,当使用文本打开文件时,换行符号与回车换行自动转换,会造成实际读写的字符数不同,建议使用二进制打开文件以避开此问题。而类 UNIX,包括 Linux、BSD、macOS(BSD 的变种)均使用单一的换行符表示行结束,从而不存在该问题。

ASCII 编码一直沿用至今,并且将被持续使用,其他所有文字编码的前 128 个字符定义均与 ASCII 编码相同。

8.5.2 本地码

ASCII 编码是 7 位编码,只定义了 128 个码位,但计算机最小的内存访问单元是字节,有 256 个码位可以用于字符的定义,这为其他文种定义自己的编码带来了方便。

1983 年,DEC 发布了含有多国字符集的著名终端 VT220,可以用于西欧各国,并且一直到 1998 年才退出市场。1985 年,ECMA 组织在 DEC 的多国字符集的基础上发展了 ECMA-094 标准,后来在 1987 年发展为 ISO 8859 标准(表 8.2)。

表 8.2 ISO 8859 部分字符集

字 符 集	名 称	内 容
ISO 8859-1	Latin-1	西欧常用字符,德法字母
ISO 8859-2	Latin-2	东欧字符
ISO 8859-3	Latin-3	南欧字符
ISO 8859-4	Latin-4	北欧字符
ISO 8859-5	Cyrillic	西里尔(斯拉夫语)字符
ISO 8859-6	Arabic	阿拉伯语字符

续表

字符集	名称	内容
ISO 8859-7	Greek	希腊字符
ISO 8859-8	Hebrew	希伯来语字符
ISO 8859-9	Latin-5/Turkish	土耳其字符
ISO 8859-10	Latin-6/Nordic	斯堪的纳维亚半岛字符
ISO 8859-11	Thai	泰国字符
ISO 8859-13	Latin-7	波罗的海诸国的文字符号
ISO 8859-14	Latin-8	成凯尔特语(Celtic)字符
ISO 8859-15	Latin-9	Latin-1 的修正
ISO 8859-16	Latin-10	东南欧国家语言字符

ISO 8859 是一组字符集，定义在高区 0x10～0xff 这 96 个编码，即 0x80～0x9f 未被定义，它包括 15 个字符集，即 ISO 8859-1～ISO8859-16，其中缺少 12。

通过这些标准字符的定义，欧洲各国可顺畅地处理各自的语言。然而并不可以混用，如用希腊文和土耳其文混合书写文档是不行的。

对于中日韩文字(简称 CJK)，256 编码显然是远远不够的，至少需要 2 字节代表一个汉字的编码方式，这里有一个巧妙的方法，即当编码小于 128 时，是单字节对应 ASCII 编码，对于大于 128 的编码，与后续的字节组成双字节，这样就形成了最多 32896 个码位空间，由于是单双字节混合的编码方式，该形式的字符集称为多字节字符集(Multibyte Character Set，MBCS)。1981 年由国家标准总局发布的 GB 2312—80 编码即采用此形式。

GB 2312—80 将代码表分为 94 个区，对应第一字节；每个区 94 个位，对应第二字节，两个字节的值分别为区号值和位号值加 32，因此也称为区位码。01～09 区为符号、数字区，16～87 区为汉字区，10～15 区、88～94 区是有待进一步标准化的空白区。GB 2312 将收录的汉字分成两级：第一级是常用汉字共 3755 个，置于 16～55 区，按汉语拼音字母/笔形顺序排列；第二级是次常用汉字共 3008 个，置于 56～87 区，按部首/笔画顺序排列。GB 2312 编码空间设定得比较小，即 128(ASCII)＋94(区)×94(位)＝8836 码位。

20 世纪 90 年代是经济文化大发展的年代，计算机开始被广泛应用，GB 2312—80 的局限性很快就表现了出来。例如，一些家长喜欢用生僻字给孩子取名，但是这造成了计算机无法输入和显示这些汉字，为银行和户籍管理带来了很大的困难。于是在 1995 年，我国制定了 GBK 标准，包含 23940 码位并收录了 21003 个汉字，在 2000 年又制定了 GB 18030—2000 标准，改用单双四字节混合编码的方式，收录了 70244 汉字，在 2005 年制定了 GB 18030—2005 标准，又在 2022 年制定了 GB 18030—2022 标准，共收录了 87887 汉字、228 个部首，能基本满足人名和地名生僻字、古籍、科技用字的需求。GB 2312、GBK、GB 18030 编码都是向后兼容的。编码的需求一直不断增加，因此标准化工作应当一直持续，并需要尽快将其转换为实际应用。例如，在 2023 年竟然还出现了云南、陕西等地有人的姓氏为㱔：

因为无法输入和显示而集体改姓为“鸭”的事件，尽管这个字在 GB 18030—2005 即已收录，为 9834C337，Unicode 编码为 U+2A00B，但很多软件仍然处理不了。

GB 18030—2022 是国家强制性标准，要求 2023 年 8 月后的计算机系统必须能够输入和显示该字符集的所有字符。GB 18030—2022 具有充足的码位，其码位的定义如表 8.3 所示。

表 8.3　GB 18030—2022 码位

<table>
<tr><th>编码类型</th><th colspan="4">码位空间</th><th>码位数量</th></tr>
<tr><td>单字节</td><td colspan="4">0x00～0x7F</td><td>128</td></tr>
<tr><td rowspan="2">双字节</td><td colspan="2">第一字节</td><td colspan="2">第二字节</td><td rowspan="2">23940</td></tr>
<tr><td colspan="2">0x81～0xFE</td><td colspan="2">0x40～0x7E，0x80～0xFE</td></tr>
<tr><td rowspan="2">四字节</td><td>第一字节</td><td>第二字节</td><td>第三字节</td><td>第四字节</td><td rowspan="2">1587600</td></tr>
<tr><td>0x81～0xFE</td><td>0x30～0x39</td><td>0x80～0xFE</td><td>0x30～0x39</td></tr>
</table>

本地码流行的年代是在互联网年代之前，本地码满足了不同国家和地区对其文字的应用需求，但其缺点也十分明显，即不同国家的计算机文本文件不能通用，这不仅限于中日韩多字节编码和西文单字节编码的区别，即便是简单的西文代码，仍然存在不兼容的问题，标准也不被完全遵守。例如，微软的西文操作系统默认的编码是 CP1252，被微软称为 ANSI 编码(甚至所有的本地码均被称为 ANSI 编码)，只是因为 CP1252 来自 ANSI 的一个草案版，它包含 ISO 8859—1 的全部编码，当欧元符号诞生时，微软第一时间把欧元符号定义为 ISO 8859 的保留区的第一个字符 0x80，甚至当时看到 GBK 编码 0x80 也空闲，GBK 的 CP936 也被微软自行定义为欧元符号，而 GBK 对应的欧元符号为 0xA2E3，于是欧元对应了两个编码，即一字多码，这对文档处理造成了不必要的混乱。事实上 0x80 的欧元符号也只在微软的操作系统里存在。再如，苹果十分喜爱自己的 logo，但显然国际标准不会接纳，但其计算机和操作系统都是自己设计的，于是苹果为自己的 Macintosh 设计了 MacRoman 编码，将苹果 logo 定义为编码 240。然而，即便是现在流行的统一编码 Unicode，也没有将苹果 logo 收录到字符集内，只是苹果使用自定义区的 u+f8ff 来表示该符号，华为也在自定义区定义了自己的 logo。当使用 FAT(当前依然在用)这种文件系统时，使用本地码更加不便。进入互联网时代以后，本地码不相容性的缺点变得令人无法忍受，使得统一编码 Unicode 类编码成为最流行的编码方式。

8.5.3　统一字符集 Unicode

1984 年，ISO 即有意图设计 16 位双字节编码——“为国际双字节图形字符集开发图形字符库和编码的ISO标准”和“考虑编程语言对每个字符具有相同存储量的需求”。1987年，施乐公司的Joe Becker、当时在施乐公司的Lee Collins和当时在苹果公司的Mark Davis启动了初步的工作，并在1988年完成了三项主要的调查：

- 固定宽度和混合宽度文本访问的比较；
- 双字节文本的总体系统存储需求研究；
- 所有世界字母表的初步字符计数。

根据这些研究，三人提出了Unicode的基础构架，1988年秋天，Collins开始建立一个Unicode字符数据库。原始设计在脚本中按字母顺序排列字符，并排除了所有复合字符。施乐公司已经建立了统一汉字的字体建设数据库。Collins在苹果公司创建了韩文统一数据库。Becker和Collins后来将这两个数据库关联起来，Collins继续扩展数据库，为其他国家标准添加了进一步的字符对应关系。Becker在1988年向ISO工作组提交了Unicode论文，标志Unicode标准化工作的开始。1991年1月，加利福尼亚州成立了Unicode联盟；1991年10月，Unicode标准1.0卷1正式发表；1992年4月，Unicode标准1.0卷2付诸印刷，Unicode正式诞生；1993年发布了ISO/IEC10646.1字符集标准；1999年GB 1300.1被中国接纳。

Unicode定义的是字符集合，其1.0版本建议采用16位2字节固定长度编码，即所谓的UCS-2编码，因此也称为宽字符(wide character，C语言类型为wchar_t)，以区分8位字符集(narrow character，C语言类型的char类型)，其前256字符定义与ISO 8859相同，对于中日韩字符，采用形状区分的原则进行定义，即无论是汉字还是日文，只要形状相同即编码相同。

Unicode的推出受到了业界的广泛支持，典型的是Java语言和包括Windows在内的操作系统，它们将内部编码转换为16位的UCS-2固定长度编码，文件系统如NTFS也采用UCS-2。然而不幸的是，随着字符尤其是CJK字符的扩充，人们发现UCS2的16位65536的编码空间很快就会耗光，IEEE提议使用UCS-4即4字节31位对Unicode字符集进行编码，但这招致了Unicode联盟的强烈反对。1996年的Unicode 2.0版本新增了16个扩展平面，从而将字符集空间扩展为0x000000～0x10ffff，并宣称不再扩充，在1999年发布的3.0版本里收录了大量字符。微软在Windows 2000中实现了16位宽字符的Win32 API接口，2字节编码的现实需要直接面对兼容Unicode 3.0标准的问题。

Unicode以何种编码的方式应用于软件系统是一个困难的选择。1992年9月，Ken Thompson和Rob Pike在为Plane9操作系统支持Unicode而努力，但他们讨厌使用UCS2编码，如果改为16位编码，则需要从文件系统到键盘显示系统重构大量代码，尽管这对于一个月就能写出一个操作系统的Ken Thompson可能不算什么，但采用更巧妙的方法不是更好吗？而且，当时X/Open也在考虑使用变种的方式实现对Unicode字符集的编码，于是，他们两人创造了UTF-8，以下译自Ken的邮件：

UCS转换格式使用长度为1、2、3、4、5和6字节的多字节字符对[0,0x7fffffff]范围内的UCS值进行编码。对于超过一字节的所有编码，初始字节决定使用的字节数，并设置每个字节中的高阶位。每个不以10xxxxxx开头的字节都是UCS字符序列的开头。

记住这种转换格式的一个简单方法是注意第一个字节中高阶1的数量，它表示多字节字符中的字节数量：

```
  Bits  Hex Min  Hex Max  Byte Sequence in Binary
1    7  00000000 0000007f 0vvvvvvv
2   11  00000080 000007FF 110vvvvv 10vvvvvv
3   16  00000800 0000FFFF 1110vvvv 10vvvvvv 10vvvvvv
4   21  00010000 001FFFFF 11110vvv 10vvvvvv 10vvvvvv 10vvvvvv
5   26  00200000 03FFFFFF 111110vv 10vvvvvv 10vvvvvv 10vvvvvv 10vvvvvv
6   31  04000000 7FFFFFFF 1111110v 10vvvvvv 10vvvvvv 10vvvvvv 10vvvvvv 10vvvvvv
```

由于 Unicode 宣称最多有 17 个平面，因此 4 字节即可完全表示 Unicode 字符集。这是一个精巧的编码方案，它有 4 个巨大的优势，使直接使用 UCS4 和本地码变得几乎完全没有必要：

(1) 继承多字节编码的优点，与单字节系统兼容性好，当前系统几乎不用改动；

(2) 多字节编码在传输过程中如果产生误码，其错误会向后传递，即一个字发生错误，后面的字可能全部错误；而 UTF-8 不会，它只会错一个；

(3) 在字符序列中的任何位置均能很容易地分辨字符的起始字节和其后缀字节，对字符串的截断和拼接的编程操作十分方便；

(4) 不同于其他本地编码，UTF-8 到 UCS4 的转换不需要查表，它是转换格式，只需要简单的逻辑运算即可。

由于没有国家的支持，UTF-8 开始推广得并不快，然而随着互联网尤其是移动互联网的兴起，UTF-8 成了主流的编码，包括 Windows 10 也加入了 UTF-8 作为本地编码的功能。

UTF-8 的方便程度可以以计算字符数的例子说明，不统计后缀字符即可。例如：

```
size_t utf8_code_length(const char * s)
{
    size_t n = 0;
    while( * s) {
        if (( * s & 0xc0) != 0x80)
            n++;
        s++;
    }
    return n;
}
```

又如，需要对 UTF-8 字符串在不超过 n 字节处截断以符合显示长度要求：

```
size_t utf8_trunc(char * s, size_t n)
{
    while(n > 0 && (s[n] & 0xc0) == 0x80)
        n--;
    s[n] = 0;
    return n;
}
```

因此，尽管没有专门针对 UTF-8 字符串进行处理的标准函数，但很容易建立一套自己的函数库，另外，在 GitHub 上有十分丰富的 UTF-8 开源代码可用。

对于已经采用UCS2编码的系统来说，Unicode联盟也提出了UTF-16的编码方式，就是Unicode字符集基本平面的字符除去U+D800～U+DFFF仍然是直接映射关系，即这部分字符的字符编号与字符编码是等同的。对于U+10000～U+10ffff的字符，代理点方式采用4字节来表示，高10位比特位用一个值介于D800～DBFF的双字节存储，较低10位比特位（剩下的比特位）用一个值介于DC00～DFFF的双字节存储，从而也变成了变长编码，尽管有诸多不便，但也让已有的系统不至于全部重构。需要注意的是，扩展平面不代表不常用，例如笑脸符号（emoji）就定义在第一扩展平面，UTF-16需要使用双字符4字节才能访问。

8.6 本地化与国际化

不同国家和地区除了语言文字编码不同外，还有货币符号、日期时间格式、数字标点表示、排序习惯通常也不尽相同，甚至还包括姓名书写格式、地址书写格式等其他方面。因此，尽管原始信息一样，如都使用的格林尼治时间，但针对中国用户、日本用户和英国用户的显示也需要不同，因此要根据当前的地区设定来改变软件的输出呈现格式，这就是软件开发中的国际化过程。

8.6.1 文字的编码形式

当使用字符类型定义一个字符串，并从标准输入读入字符时，如下例：

```
char s[80];
fgets(s, 80, stdin);
```

读入s的内容的编码并不是固定的，如果是西文Windows系统下，其默认编码是CP1252单字节编码，也就是ISO 8859-1的扩展；如果是中文的Windows（2000版本以后）系统，其默认编码是CP54936即GB 18030编码，是多字节编码；如果是在国产系统Linux下，无论是西文还是中文设定，默认都是UTF-8多字节编码，因此需要特别小心地处理这些字符。好在Windows 10以后的版本也支持UTF-8作为本地码，因此改变本地编码方式即可统一采用UTF-8作为窄字符char类型的字符串进行文本的处理。

在采用UTF-8作为默认编码进行处理时，需要将源代码文件也存储成UTF-8格式以避免混乱，在微软的编译器中，需要增加/utf-8编译选项以正确编译UTF-8格式的源代码，国产化Linux操作系统以及大多数其他系统默认的就是UTF-8格式，不需要特别处理。采用常量定义字符串中的字符时，可以直接输入UTF-8字符，也可以采用\u或U转义字符输入对应的Unicode码，其中，\u针对的是两字节的UCS2，\U针对的是4字节的UCS4。例如：

案例8.5

```
#include <locale.h>
#include <wchar.h>

int main(void)
```

```
{
    char narrow_str[] = "z\u00df\u6c34\U0001f34c";
                    //or "zß水?"
                    //or "\x7a\xc3\x9f\xe6\xb0\xb4\xf0\x9f\x8d\x8c";
    setlocale(LC_ALL, "en_US.utf8");
    printf("A UTF-8 string: '%s'\n", narrow_str);
    return 0;
}
```

案例分析：

打印结果为

```
A UTF-8 string: 'zß水🍌'
```

字符串 narrow_str 里有西文 z、符号 ß、中文水和笑脸符号，其中符号 ß、中文水位于基本平面，用 16 位编码即可，而笑脸符号在扩展平面，因此需要采用 32 位编码输入。但是，这个程序不一定在所有的操作系统环境中都能显示正确，例如在 Windows 11 的中文环境下，由于其命令行系统内部要转换到本地编码 CP54936 后再显示，符号 ß 和笑脸丢失而采用"?"和"??"来表示，对于 Windows 10 以后的版本，可以在系统设置里启用 UTF-8 作为本地编码以解决该问题，但 Windows 10 和 11 还只是试用功能。Linux 系统下，无论内核还是视窗系统，均默认为 UTF-8，因此即便去掉 setlocale 那一行显示依然正确，而 Windows 下则全部乱码。

8.6.2　宽字符字符串

对于内部采用 UTF-16 的操作系统，如 Windows，采用本地码不是一个好的选择，要么把本地编码设置为 UTF-8，但当前还是测试状态，要么直接采用 UTF-16 编码，因此 C 语言引入了新的字符类型 wchar_t，采用 wchar_t 定义的字符数组称为宽字符字串。但 wchar_t 在不同系统下含义不同，在 Linux 下是 32 位的 UTF-32 编码，而在 Windows 下是 16 位的 UTF-16 编码，因此不具有移植性。由于历史原因，字符应当是无符号的，但即便是 char 类型，在不同系统下的含义也不同，例如统一的 gcc 版本，在 Arm 和 PowerPC 系统下 char 是无符号的，而在其他多数系统下是有符号的，十分混乱。因此，C23 标准里新增了无符号数 char8_t 类型，因此 char8_t 和 C11 标准的 char16_t 和 char32_t 应当是以后主要采用的字符类型。由于宽字符机制的引入，同时也引入了宽字符常量的定义方法，以及针对宽字符的函数。

（1）wchar_t 字符和字符串常量可以使用前缀 L 来定义，如 L'猫'和 L'熊猫'。

（2）对于 UTF-16 字符，可以使用 u 前缀定义，例如 u'猫'。

（3）对于 UTF-32 字符，可以使用 U 前缀定义，例如 U'猫'。

（4）可以使用 u 或 U 转义字符在字串中直接输入 Unicode 码，如上例的笑脸 u'\U0001f34c'。

（5）从 C23 开始，多字符文字可有条件支持，例如'AB'具有整数 int 类型，其值由编译器自定。

其中,多字符文字是一个历史问题,C语言诞生时即具有此功能,几乎所有的C编译器均顺延支持这个不成文的语言特性。因为在C语言里,字符常数的类型为整数(注意,这与C++不同,可编码的字符常数为char类型),因此'AB'会被译解为'A'*256+'B',有些程序员用这个特性来定义可视的整数标签(tag)。但是,这是一个定义不明确的语言特性,编译器应当不支持或者报警告,以免造成不兼容性。为此,C23首次定义该语言特性为可有条件支持。

案例 8.6

```
#include <locale.h>
#include <wchar.h>
#include <time.h>

int main(void)
{
    wchar_t wstr[] = L"z\u00df\u6c34\U0001f34c";
    //or L"zß水?"

    setlocale(LC_ALL, "zh_CN.utf8");
    wprintf("A wide string: '%ls'\n", wstr);
    return 0;
}
```

案例分析:

针对wchar_t宽字符的标准函数,命名规则即在传统字符串函数前加w,例如strlen->wstrlen、strcat->wstrcat、scanf->wscanf、printf->wprintf。需要注意的是,不同系统中wscanf和wprintf对于字串的格式%s的理解不同,Windows下指的是16位的wchar_t字串,而Linux下指的是UTF-8字串,Linux下针对wchar_t的格式为%ls。

上述示例中的setlocale()函数既可以用来对当前程序进行地域设置(本地设置、区域设置),也可以用来获取当前程序的地域设置信息。函数位于头文件locale.h中。

```
函数原型:char* setlocale (int category, const char* locale);
```

使用setlocale需要两个参数。第一个参数用来设置地域设置的影响范围,第二个参数用来设置地域设置的名称(字符串),也就是设置为哪种地域,对于不同的平台和不同的编译器,地域设置的名称可能会不同。若locale为0(NULL),则不会改变地域化配置,返回当前的地域值。

除了setlocale()函数,Strftime()函数和Wcsftime()函数也是用来设置本地时间/日期的函数。

Wcsftime()函数在头文件wchar.h中定义。

```
函数原型:size_t wcsftime(wchar_t * str,size_t count,const wchar_t * format,tm
* time);
```

Wcsftime()函数根据格式字符串将日期和时间信息从给定的日历时间转换为以空字

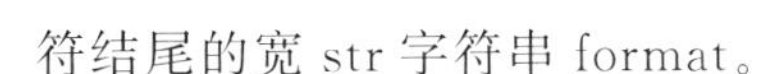

符结尾的宽 str 字符串 format。

案例 8.7

```
#include <stdio.h>
#include <locale.h>
#include <time.h>
#include <wchar.h>

int main(void)
{
    setlocale(LC_ALL, "en_US.utf8");
    setlocale(LC_NUMERIC, "de_DE.utf8");
    setlocale(LC_TIME, "ja_JP.utf8");

    wchar_t str[100];
    time_t t = time(NULL);
    wcsftime(str, 100, L"%A %c", localtime(&t));
    wprintf(L"Number: %.2f\nDate: %ls\n", 3.14, str);
    return 0;
}
```

案例分析：

相对 wcsftime()函数，strftime()函数返回置于时间字符串中的字符数，wcsftime()函数返回相应的宽字符数。

strftime()函数根据区域设置格式化本地时间/日期，函数的功能将时间格式化，或者说格式化一个时间字符串。函数在头文件 time.h 中。

```
函数原型：size_t strftime(char * str, size_t maxsize, const char * format, const struct tm * timeptr) ;
```

根据 format 中定义的格式化规则，格式化结构 timeptr 表示时间，并存储在 str 中。

8.7　本章小结

C 字符串是一系列 char 类型的字符，以空字符('\0')结尾。字符串可以存储在字符数组中。字符串还可以用字符串常量来表示，里面都是字符，包含在双引号中(空字符除外)。

strlen()函数可以统计字符串的长度，空字符不计算在内。

字符串常量也叫作字面量，可用于初始化字符数组。为了容纳末尾的空字符，数组大小应该至少比容纳的数组长度多 1。也可以用字符串常量初始化指向 char 的指针。

函数使用指向字符串首字符的指针来表示待处理的字符串。

C 库中有多个字符串处理函数。

8.8　课后习题

1. 下面的字符串的声明有什么问题？

```
int main( )
{
char name[] = {'F', 'e', 's', 's' };
...
}
```

2. 下面的程序会打印什么？

```
#include <stdio.h>
int main( )
{
char note[] = "See you at the snack bar.";
char *ptr;
ptr = note;
puts(ptr);
puts(++ptr);
note[7] = '\0';
puts(note);
puts(++ptr);
return 0;
}
```

3. 下面的程序会打印什么？

```
#include <stdio.h>
#include <string.h>
int main( )
{
char food [] = "Yummy";
char *ptr;
ptr = food + strlen(food);
while (--ptr >= food)
puts(ptr);
return 0;
}
```

4. 下面的程序会打印什么？

```
#include <stdio.h>
#include <string.h>
int main( )
{
char goldwyn[40] = "art of it all ";
char samuel[40] = "I read p";
const char * quote = "the way through.";
strcat(goldwyn, quote);
strcat(samuel, goldwyn);
puts(samuel);
return 0;
}
```

5. 下面的练习涉及字符串、循环、指针和递增指针。首先，假设定义了下面的函数：

```
#include <stdio.h>
char * pr(char * str)
{
char * pc;
pc = str;
while ( * pc)
putchar( * pc++);
do {
  putchar( * --pc);
} while (pc - str);
return (pc);
}
```

考虑下面的函数调用：

```
x = pr("Ho Ho Ho!");
```

a. 将打印什么？

b. x 是什么类型？

c. x 的值是什么？

d. 表达式 * --pc 是什么意思？与 --* pc 有何不同？

e. 如果用 * --pc 替换 --* pc，会打印什么？

f. 两个 while 循环用来测试什么？

g. 如果 pr()函数的参数是空字符串，程序会怎样？

h. 必须在主调函数中做什么才能让 pr()函数正常运行？

6. 设计并测试一个函数，从输入中获取 n 个字符(包括空白、制表符、换行符)，把结果存储在一个数组里，它的地址被传递作为一个参数。

7. 修改并编程题 1 的函数，在 n 个字符后停止，或在读到第一个空白、制表符或换行符时停止，哪个先遇到哪个停止。不能只使用 scanf()函数。

8. 设计并测试一个函数，从一行输入中把一个单词读入一个数组中，并丢弃输入行中的其余字符。该函数应该跳过第一个非空白字符前面的所有空白。将一个单词定义为没有空白、制表符或换行符的字符序列。

9. 设计并测试一个函数，它类似题 8 的描述，只不过它接收第 2 个参数指明的可读取的最大字符数。

10. 设计并测试一个函数，搜索第一个函数形参指定的字符串，在其中查找第二个函数形参指定的字符首次出现的位置。如果成功，则该函数会指向该字符的指针。如果在字符串中未找到指定字符，则返回空指针(该函数的功能与 strchr()函数相同)。在一个完整的程序中测试该函数，使用一个循环给函数提供输入值。

11. 编写一个名为 is_within()的函数，接收一个字符和一个指向字符串的指针作为两个函数形参。如果指定字符在字符串中，则该函数返回一个非零值(即为真)，否则返回 0(即为假)。在一个完整的程序中测试该函数，使用一个循环给函数提供输入值。

12. strncpy(s1，s2，n)函数把s2中的n个字符复制至s1中，截断s2，或者在末尾添加空字符。如果s2的长度是n或多于n，目标字符串不能以空字符结尾，该函数返回s1。编写一个这样的函数，名为mystrncpy()。在一个完整的程序中测试该函数，使用一个循环给函数提供输入值。

13. 编写一个函数，把字符串中的内容用其反序字符串代替。在一个完整的程序中测试该函数，使用一个循环给函数提供输入值。

14. 编写一个函数，接收一个字符串作为参数，并删除字符串中的空格。在一个程序中测试该函数，使用循环读取输入行，直到用户输入一行空行。该程序应该应用该函数指向每个输入的字符串，并显示处理后的字符串。

第9章　存储类别、链接和内存管理

9.1　本章内容

本章介绍以下内容：

- 关键字：auto、extern、static、register、const、volatile、restrict。
- 函数：rand()、srand()、time()、malloc()、realloc()、free()。
- 如何确定变量的作用域(可见的范围)和生命期(它存在多长时间)。
- 设计更复杂的程序。

C语言能让程序员恰到好处地控制程序，这是它的优势之一。程序员通过C的内存管理系统指定变量的作用域和生命期，实现对程序的控制。合理使用内存存储数据是设计程序的一个要点。

9.2　变量的生存期

第6章介绍了变量的作用域，即变量的有效使用范围。按照作用域，可以将变量分为局部变量和全局变量。C语言中所有的变量都有自己的作用域。决定变量作用域的是变量的定义位置。本节着重介绍变量的生存期。

变量的生存期也称为变量的存储期，是指程序运行过程中变量在内存中的生存期，可以理解为变量的寿命。C语言中变量的存储期有静态存储期和自动存储期两种。

9.2.1　静态存储期

具有文件作用域的变量属于静态存储期，函数也属于静态存储期。属于静态存储期的变量在程序执行期间将一直占据存储空间，直到程序关闭才释放。

根据C语言的语法，变量的存储期和作用域是相关的。在函数外面定义的全局变量，包括静态全局变量，都拥有文件作用域，其中静态全局变量拥有本文件的作用域，而全局变量拥有所有源文件的作用域，这些变量被赋予静态存储期，其生存期为：在运行时被初始化，直至程序运行结束，可理解为拥有“永久”的生存期。另外，在函数内或其他程序块中使用存储类说明符static定义的变量也被赋予静态存储期，其生存期也直至程序运行结束。

9.2.2　自动存储期

属于自动存储期的变量在代码块结束时将自动释放存储空间。具有代码块作用域，即在程序块“{}”中定义的非静态变量属于自动存储期，其生存期从被定义开始直至该程序块结束(大花括号)。

9.2.3 存储类型

存储类型是指存储变量值的内存类型，不同的存储类型对应的生存期和作用域均有区别。

变量的生存期是指变量值的保留时间，可分为以下两种情况。

1) 静态存储

变量存储在内存中的静态存储区，在编译链接时就分配存储空间，在整个程序运行期间，该变量占有固定的存储单元，变量的值都始终存在。程序结束后，这部分内存空间会释放。这类变量的生存期为整个程序。

静态存储方式的变量有全局变量(extern)和静态变量(static)两种。

全局变量属于外部存储类别，属于该类别的变量也称为外部变量。把变量的定义性声明放在所有函数的外面，便创建了外部变量。外部变量就是定义在函数之外的变量，又称为全局变量。它的作用域是从变量定义之处开始到源文件的末尾。在此作用域内，外部变量对所有的函数可见。使用外部变量声明语句可以扩展外部变量的作用域，使其在整个程序源文件内都可见。

外部变量的声明格式：

```
extern 类型说明符 变量名;
```

在由一个源文件构成的程序内声明外部变量：

```
int a, b;                                       //外部变量
void f1()
{
    extern float x, y;                          //外部变量 x,y 声明
}
float x, y;                                     //外部变量
int f2()
{}
int main()
{}
```

对于在一个函数之前定义的全局变量，在该函数内使用可不再加以声明，具体原因可分析上面的代码。

一个 C 语言程序可以由一个或多个源文件组成，如果外部变量的定义域声明在两个不同的文件，要想使用其他文件中定义的外部变量，就必须在使用该外部变量之前用 extern 对外部变量进行声明。

extern 仅仅是说明变量是“外部的”以及它的类型，并不真正分配存储空间。再将若干个文件链接生成一个完整的可运行程序时，系统会将不同文件中使用的同一外部变量连在一起，使用系统分配的同一存储单元。

全局变量的滥用会造成程序混乱，且难以保证线程安全，应谨慎使用。

当在全局区、函数体或复合语句内用 static 来声明一个变量时，该变量就称为静态变量。静态变量定义的一般格式为

```
static 类型标识符 变量名
```

（1）静态局部变量在函数内定义，但不像自动变量那样在调用时就存在，退出函数时就消失。静态局部变量始终存在，它的生存期为整个程序运行期间。但这样定义会使函数具有自己的状态，即每次调用其状态均不同，需要谨慎使用。

（2）静态局部变量的生存期虽然为整个程序，但是其作用域仍与自动变量相同，即只能在定义该变量的函数内使用该变量。运行时退出该函数后，尽管该变量还继续存在，但不能使用它。

（3）静态局部变量是在编译时赋初值，且只能赋初值一次，在程序运行时它已有初值，以后调用函数时不再重新赋值，而只是保留上次函数调用结束时的值。

（4）如果定义时对静态局部变量未赋初值，则编译时系统会自动赋初值 0 或空字符。

根据静态局部变量的特点，可以看出它是一种生存期为整个程序的变量。虽然离开定义它的函数后不可见，但如果再次调用定义它的函数时，它又可继续使用，而且保存了前次调用后留下的值。

静态全局变量又称为静态外部变量，是在函数之外定义的。如果在程序设计中希望某些变量只限于文本文件使用，而不能被其他文件使用，则可以在定义全局变量时加上 static，就构成了静态全局变量。

2）动态存储

变量存储在运行时刻的栈中，在程序运行过程中，只有当变量所在函数被调用时，编译系统才临时在栈中为该变量分配内存空间，函数调用结束后，这部分内存空间会被释放，变量值消失。这类变量的生存期仅在函数调用期间有效。由于栈的大小通常在 8MB 以下，因此大块的存储不应使用栈空间。

auto 变量又称为自动变量，是 C 语言程序中使用最广泛的一种类型。它的定义必须在一个函数体或复合语句内进行。C 语言规定，将函数内凡未加存储类型说明的变量均视为自动变量，也就是说，自动变量说明符 auto 可以省略。函数的形参也属于此类。

自动变量属于动态存储方式，在程序执行过程中，使用它时才分配存储单元，使用完毕立即释放。如果不赋初值，则变量的值为随机的不定值。

自动变量的作用域仅限于定义该变量的函数或复合语句内。因此，不同的函数或复合语句中允许使用同名的变量而不会混淆，并按就近原则访问变量。

专门修饰变量为 auto 是一个多余的语法，C23 对 auto 的语义进行了修改，不但可以作为自动变量的说明，当没有实际指定类型时，auto 会根据后续表达式推理出该类型，例如：

```
int a = 3;
auto b = a + 3;                    //根据 a + 3 的类型，推理出 b 为 int，等同 int b = a + 3;
```

在计算机中，从内存存取数据要比直接从寄存器存取数据慢，当对一个变量频繁读写

时，就要反复访问内存存储器，从而花费大量的存取时间。为此，C语言提供了另一种变量，即寄存器变量。这种变量存放在CPU的寄存器中，使用时，不需要访问内存，而是直接从寄存器中读写，可以提高效率。

寄存器变量的定义格式为

```
register 类型标识符 变量名表列
```

由于计算机的寄存器数目有限，并且不同的计算机系统允许使用的寄存器个数不同，所以并不能保证定义的寄存器类型变量就会保存在寄存器中，当寄存器不空时，系统自动将其作为一般的auto变量处理。

早期的计算机中CPU的寄存器数量比较少，C语言的优化能力较弱，程序员会对关键代码通过修饰为register来提升程序的性能，但现代的CPU通常具有几十个寄存器，编译器的优化算法非常成熟，通过手工优化不但意义不大，反而会更糟，而register变量没有地址的问题反而突显，渐渐已经不再使用。

volatile关键字的主要用途是确保变量的可见性。它告诉编译器，在每次使用此对象的值时都要重新从内存中读取，即使程序本身没有修改它的值。这种关键字的使用场景通常涉及多线程环境，其中变量的值可能被一个线程修改，而另一个线程需要立即看到这个修改。volatile关键字确保了变量的修改对所有线程立即可见。

restrict关键字则是C99标准引入的，用于对象指针类型。它告诉编译器，此指针所指向的对象如果被修改，就不可以被此指针以外的方式(无论是直接还是间接)所存取。这个关键字主要用于优化内存访问，确保指针的唯一性和数据的正确访问路径，从而提升程序的性能和安全性。

9.3 随机函数

对于数组元素赋初值的方法有很多，本节介绍一种用随机函数给数组元素赋初值的方法。

案例9.1 随机产生1～100的数字，为100个整数单元的数组元素赋初值，要求数组的每个单元元素的值均不同。

```
#include<stdio.h>
#include<time.h>
#include<stdlib.h>

int main()
{
    int array[100] = {0};
    int k = 0;
    int i, key;

    srand((unsigned)time(NULL));                    //以当前时间做随机数的种子
```

```
    for(i = 0; i < 100; i++) {
        do{
            key = rand() % 100;                 //key的值范围为[0,99]
            k++;
        } while(array[key]);                    //该单元未使用过,保证不重复
        array[key] = i + 1;
    }
    for(i = 0; i < 100; i++)
        printf("%d ",array[i]);
    printf("\n");
    printf("Steps:%d",k);                       //实际迭代的次数
    return 0;
}
```

案例分析：

rand()函数每次调用后都会产生一个从0到RAND_MAX的伪随机序列数，函数在头文件<stdlib.h>中定义。RAND_MAX是<stdlib.h>头文件中的一个宏，它用来指明rand()所能返回的随机数的最大值。C语言标准并没有规定RAND_MAX的具体数值，只是规定它的值至少为32767。在实际编程中，通常也不需要知道RAND_MAX的具体值，把它当作一个很大的数来对待即可。

程序中语句“srand(time(NULL));”的意思是：使用当前时间进行随机数发生器的初始化。srand()函数是随机数发生器的初始化函数。srand产生一系列伪随机数发生器的起始点。在调用srand之前，调用rand与以1作为种子的相同序列。srand()函数可以设定rand()函数所用的随机数产生演算法的种子值。

伪随机数的产生是一个复杂的课题，不同的编程环境中有不同的实现。例如，符合Posix标准操作系统下的random()函数是另一个长周期的随机数发生器，具有2^31−1的返回区间，但是random()不是标准C函数，有些环境下不能使用random()函数。

“rand()%100;”语句对生成的随机数进行处理，使之调整到[0,100)范围之间。在实际开发中，我们往往需要一定范围内的随机数，过大或者过小都不符合要求。那么，如何产生一定范围的随机数呢？

案例9.2　产生13～63范围内的随机数。

```
#include <stdio.h>
#include <stdlib.h>
#include <time.h>
int main(){
    int a;
    srand((unsigned)time(NULL));
    a = rand() % 51 + 13;
    printf("%d\n",a);
    return 0;
}
```

案例分析：

可以利用取模的方法生成某个范围的随机数：

```
int a = rand() % 10;                //产生 0~9 的随机数,注意 10 会被整除
```

如果要规定上下限：

```
int a = rand() % 51 + 13;           //产生 13~63 的随机数
```

取模即取余，rand()%51+13 可以看成两部分：rand()%51 是产生 0～50 的随机数，后面+13 保证 a 最小只能是 13，最大就是 50+13=63。

9.4 内存分配 malloc()、realloc()和 free()

静态数据在程序载入内存时分配；自动变量的数据在程序执行块时分配，并在程序离开该块时销毁。C 语言可以在程序运行时分配更多的内存，这部分内存位于程序运行的堆区，可用空间大致等于物理内存的存储量与交换空间之和，这是重要的运行时可用存储资源。在 C 语言中，malloc/calloc 和 free 是用于动态内存管理的函数。其中，calloc 与 malloc 的主要区别是，malloc 分配内存没有被初始化，其内容是随机的，而 calloc 分配的内存将被置为 0。下面主要讨论 malloc 的特性。如果需要重新改变分配的内存大小，可以使用 realloc 函数。

9.4.1 malloc()

malloc()函数通过操作系统调用按块获取内存，然后自行管理不同尺寸内存的分配，根据调用需求返回合适的内存区供调用者使用，这样的内存是匿名的。也就是说，malloc()分配内存，但是不会为其赋名。malloc()函数成功获得内存分配后会返回一个指针，如果 malloc()分配内存失败，将返回空指针。

```
double * ptd;
ptd= (double *) malloc(30 * sizeof(double));
```

上面的代码为 30 个 double 类型的值请求内存空间，并设置 ptd 指向该位置。注意，指针被声明为指向一个 double 类型，而不是指向内含 30 个 double 类型值的块。数组名是该数组首元素的地址。因此，如果让 ptd 指向这块的首元素，就可以像使用数组名一样使用它。

9.4.2 realloc()

如果在应用中使用 malloc()函数，感觉申请的动态内存空间太大或太小了，需要对内存的大小做灵活的调整，那么可以选择 realloc()函数。realloc()函数可以做到控制动态内存开口的大小。

realloc()函数的原型为

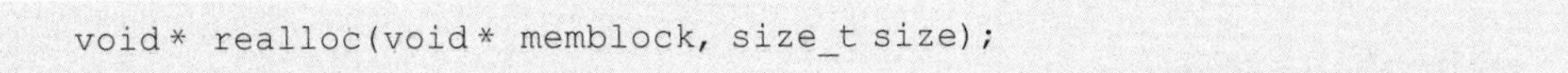

```
void* realloc(void* memblock, size_t size);
```

头文件为 stdlib.h.

realloc()函数返回的是 void * 类型的指针，指向在堆区重新开辟的内存块的起始地址，memblock 是先前开辟的内存块的指针(也就是 malloc 或 calloc 之前申请的那块内存空间，即需要调整大小的内存空间)，size_t size 指的是 New size in bytes，即新的字节数，注意不是增加的字节数，而是新开辟的那块内存空间的字节数，返回值为调整之后的内存的起始地址。

realloc()若发现原空间可扩充，则扩充该空间后直接返回，否则申请新的空间。若成功申请到空间，则将原空间的数据复制到新的空间，然后用 free()释放原空间。注意，新的空间如果是 0，则其结果不定。

9.4.3 free()

通常，malloc()要和 free()配套使用。free()函数的参数必须是之前 malloc()、calloc()、realloc()返回的地址，该函数释放 malloc()分配的内存。因此，动态分配内存的存储期是从调用 malloc()、calloc()、realloc()分配内存到调用 free()释放内存为止。malloc()、calloc()、realloc()和 free()的原型都在 stdlib.h 头文件中。

案例 9.3 malloc()和 free()函数。

```
#include <stdio.h>
#include <stdlib.h>
int main() {
    int* ptr = (int*)malloc(5 * sizeof(int));
    if (ptr == NULL) {
        printf("内存分配失败\n");
        return 1;
    }
    //使用动态分配的内存
    //释放内存
    free(ptr);

    return 0;
}
```

案例分析：

尽管程序结束时操作系统会回收进程所有的内存，但我们必须养成随时清理的习惯，并且保证哪个模块分配，哪个模块释放。不用的内存不释放会很快消耗掉计算机的内存资源，造成系统变得极其缓慢，或者无法分配内存而造成异常退出，这是比较难查的故障。分配后未显示释放称为内存泄漏(memory leak)，可以通过工具检查，例如类 UNIX 系统下常用的 valgind。

9.5 内存操作函数

C语言为了快速处理，提供了一些内存操作函数，以优化指令的快速实现，如memcpy、memmove等。下面通过简单的例子来说明这两个函数的原理和使用方法。

1. memcpy函数

内存复制函数memcpy()在头文件＜string.h＞中，其功能为从源头指向的内存块中复制固定字节数的数据到目标指向的内存块。

函数原型为

```
void * memcpy ( void * restrict  dest, const void * restrict  src,  size_t n);
```

(1) void * restrict dest：第一个参数指针是无类型的void(因为不知道复制的数据是什么类型，所以用void)，它指向复制的目的地内存块。

(2) const void * restrict src：这个参数类型表示的是指向复制数据来源的内存块。const表示无法被修改(在函数中确定好要复制的数据，为了安全性，在前面加const表示无法修改)。memcpy函数不同于memmove，它假定src和dest没有重叠，因此可以使用restrict修饰来提示编译器进行优化。

(3) size_t n：第三个参数的类型是size_t(无符号整形)，它表示要复制数据的字节数，它的作用是告诉函数需要复制的字节数，以便函数精准地复制该数目字节数空间的内容到目的地。注意：数组的长度等需要使用size_t类型，而不是unsigned int等其他类型，size_t是可以充分表达内存地址长度的无符号类型，在32位系统下为unsigned int，64位系统下为unsigned long long。

案例9.4 memcpy函数。

```
#include <stdio.h>

void * my_memcpy(void* restrict dest, const void* restrict src, size_t n){
    const char *p = (char *)src;
    char *q = (char *)dest;
    while (n--)                                    //按字节复制
        *q++ = *p++;
    return dest;
}
int main(){
    int arr1[10] = {0};
    int arr2[10] = { 1, 2, 3, 4, 5, 6 };
    my_memcpy(arr1, arr2, 12);                     //注意，只复制12字节，3个整数
    for (int i = 0; i < 10; i++)
        printf("%d ", arr1[i]);
    return 0;
}
```

案例分析：

这是一个内存复制的函数，为了适合所有类型的复制，我们只能一个字节一个字节地复制，复制时应该用 char 类型进行。函数需要传入以下参数：复制目的地地址，复制数据来源地址，所需要复制的字节数。函数内部用字节数递减循环控制复制数据的来源地址和目的地地址进行复制。需要先断言看是否是空指针，所有数据的来源地址都不能是空指针。

2. memmove 函数

内存移动函数在头文件<string.h>中，该函数的功能是从源头指向的内存块中复制固定字节数的数据到目标指向的内存块，具有解决内存重叠的功能。

函数原型为

```
void * memmove ( void * dest, const void * src, size_t n );
```

其原型和 memcpy 非常相似，但 memmove 允许 dest 和 src 有重合区，必须小心处理。正是因为如此，dest 和 src 不可以使用 restrict 修饰。

实现 memmove 函数之前需要了解什么是内存重叠。例如，一个整形数组"int arr[5] = "1,2,3,4,5";"现在要复制数据，复制目的地是 arr 数组 2 开头的地址，复制数据来源地址是 arr 数组的首元素地址，复制的字节参数为 12，也就是 1、2、3 复制在 2 开头的数组 2、3、4、5 中。由此可发现，当复制 1 到 2、3、4、5 中时，数组 arr 变成了 1、1、3、4、5，现在从刚刚 2 开头的地址中发现地址中的 2 变为了 1，如果再继续复制，结果就变成了 1、1、1、4、5。与预期的结果 1、1、2、3、5 不相同，这就是内存重叠。

案例 **9.5**　memmove 函数。

```
#include <stdio.h>

void * my_memmove(void* dest, const void * src, size_t n){
    const char * p = (const char * )src;
    char * q = (char * )dest;
    if (!p || !q || !n || p == q)
        return dest;
    if (p < q && p + n > q) {                    //是否重叠?
        p += n - 1;
        q += n - 1;
        while (n--)
            * q-- = * p--;                       //有重叠则反向复制
    }
    else {
        while (n--)
            * q++ = * p++;                       //正向复制,速度比反向要高
    }
    return dest;
}

int main(){
    int arr1[] = {1,2,3,4,5,6,7,8,9};
```

```
    my_memmove(arr1+2,arr1,20);
    int i = 0;
    for (i = 0; i < 9;i++){
        printf("%d ",arr1[i]);
    }
    return 0;
}
```

案例分析：

和 memcpy 相似，只是要解决内存重叠的问题。首先，当复制目的地地址比复制数据来源大时，复制字节应该按照从后往前的顺序。其次，当复制目的地地址比复制数据来源小时，复制字节应该按照从前往后的顺序。最后，利用穿过来的参数 size_t num 循环控制字节复制次数。

memcpy 函数和 memmove 函数都是内存操作函数，需要注意的是：传输的数据不能是空指针。memove 函数复制目的地和数据来源的空间是有联系的。使用前应了解要传输的数据类型，字节参数应该是实际类型长度的倍数，以免传输的数据和类型不匹配。

基础库 libc 中的 memcpty、memcmp、memmove、strcpy、strlen 等内存/字串操作函数是经过精细优化的，甚至是通过向量指令优化的，通常是内联函数形式，比上述两个函数要高效得多，建议尽可能使用基础库自带的函数。

9.6 本章小结

内存用于存储程序中的数据，由存储期、作用域和链接表征。存储期可以是静态的、自动的或动态分配的。如果是静态存储器，在程序开始执行时分配内存，并在程序运行时都存在。如果是自动存储期，在程序进入变量定义所在块时分配变量的内存，在程序离开块时释放内存。如果是动态分配存储期，在调用 malloc()（或相关函数）时分配内存，在调用 free() 函数时释放内存。

作用域决定程序的哪些部分可以访问某数据。定义在所有函数之外的变量具有文件作用域，对位于该变量声明之后的所有函数可见。定义在块或作为函数形参内的变量具有块作用域，只对该块以及它包含的嵌套块可见。

随机函数提供伪随机的数据系列，通过匹配新的种子、数据范围调整等方法，可以获得特定范围的随机数据。

9.7 课后习题

1. 哪些类别的变量可以成为它所在函数的局部变量？
2. 哪些类别的变量在它所在程序的运行期一直存在？
3. 哪些类别的变量可以被多个文件使用？哪些类别的变量仅限于在一个文件中使用？
4. 块作用域变量具有什么链接属性？
5. extern 关键字有什么用途？

6. 考虑下面两行代码，就输出的结果而言有何异同：

```
int * p1 = (int *)malloc(100 * sizeof(int));
int * p1 = (int *)calloc(100, sizeof(int));
```

7. 下面的变量对哪些函数可见？程序是否有误？

```
/* 文件 1 */
int daisy;
int main(void)
{
int lily;
...;
}
int petal()
{
extern int daisy, lily;
...;
}
/* 文件 2 */
extern int daisy;
static int lily;
int rose;
int stem()
{
int rose;
...;
}
void root()
{
...;
}
```

8. 下面程序会打印什么？

```
#include <stdio.h>
char color = 'B';
void first(void);
void second(void);
int main(void)
{
extern char color;
printf("color in main() is %c\n", color);
first();
printf("color in main() is %c\n", color);
second();
printf("color in main() is %c\n", color);
return 0;
}
```

```
void first(void)
{
char color;
color = 'R';
printf("color in first() is %c\n", color);
}
void second(void)
{
color = 'G';
printf("color in second() is %c\n", color);
}
```

9. 假设文件的开始处有如下声明：

```
static int plink;
int value_ct(const int arr[], int value, int n);
```

a. 以上声明表明了程序员的什么意图？

b. 用 const int value 和 const int n 分别替换 int value 和 int n，是否对主调程序的值加强保护？

10. 在一个循环中编写并测试一个函数，该函数返回它被调用的次数。

11. 编写一个程序，生成 100 个 1～10 的随机数，并以降序排列。

12. 编写一个程序，生成 1000 个 1～10 的随机数。不用保存或打印这些数字，仅打印每个数出现的次数。用 10 个不同的种子值运行，生成的数字出现的次数是否相同？可以使用本章自定义的函数或 ANSI C 的 rand()和 srand()函数，它们的格式相同。这是一个测试特定随机数生成器的随机性的方法。

第 10 章　结构体与共用体

10.1　本章内容

本章介绍以下内容：

- 关键字：struct、union。
- 运算符：.、->。
- 什么是 C 结构，如何创建结构模板和结构变量。
- 如何访问结构的成员，如何编写处理结构的函数。

C 提供了结构类型补水系统提供的数据类型，以提高数据表示的能力，用户可以根据实际问题创造新的数据形式。

10.2　结构数据信息示例

结构是 C 语言中对具体事物进行建模的基本工具。描述具体事务的数据往往是不同类型数据的组合体，学生的登记数据在 C 语言的表示方式如案例 10.1 所示。

案例 10.1　登记一名学生的学号、姓名、年龄、身高和体重等信息，并输出相关信息。在新生信息登记表中，学生的信息包括学号、姓名、年龄、身高和体重等，对学生的基本信息进行处理时，它们属于同一个处理对象，却又具有不同的数据类型，如表 10.1 所示。

表 10.1　学生信息表

学号(int)	姓名(char)	年龄(int)	身高(int)	体重(float)
130126	Liu Bing	18	173	63

```
#include <stdio.h>
struct Student{                                    //声明结构体
        int sno;
        char sname[20];
        int age;
        double heigh;
        int weight;
};
```

```
int main()
{   struct Student s;
    scanf("%d %s %d %f %d",&s.sno,s.sname,&s.age, &s.heigh, &s.weight);
    printf("%6d%20s%6d%7.2f%5d\n",s.sno,s.sname,s.age,s.heigh,s.weight);
    return 0;
}
```

案例分析：

首先定义结构体数据类型 Student，其中包括学生的学号（sno）、姓名（sname）、年龄（age）、身高（height）、体重（weight）五个成员。

采用自定义数据类型 Student 定义变量 s。

使用 scanf 读入个人信息到变量 s 中，对于变量 s 各成员的访问采用成员访问运算符（.）实现。

使用 printf 输出存放在变量 s 中的个人信息到屏幕；同样，对变量 s 各成员的访问采用成员访问运算符实现。

10.3 结构声明

结构体是一种构造类型，它由若干“成员”组成。每个成员可以是一个基本数据类型，也可以是一个构造类型。定义一个结构体类型的一般形式为

```
struct 结构体名
{
    类型 1   成员 1;
    类型 2   成员 2;
    …
    类型 n   成员 n;
};
```

10.4 结构变量

10.4.1 定义结构体类型变量

定义结构体类型的变量有以下两种常见形式。

（1）先定义结构体类型，再定义变量。例如：

```
#include <stdio.h>
struct Student                        //结构体类型的说明与定义分开声明
{
    int age;                          /*年龄*/
    float score;                      /*分数*/
    char gender;                      /*性别*/
};
```

```
int main ()
{
    struct Student a={ 20,79,'f'};                //定义
    printf("年龄:%d 分数:%.2f 性别:%c\n", a.age, a.score, a.gender );
    return 0;
}
```

(2) 在定义结构类型的同时定义结构体变量，用于临时建模，这个用法比较少。例如：

```
#include <stdio.h>
int main ()
{
    struct Student                              /* 声明时直接定义 */
    {
        int age;                                /* 年龄 */
        float score;                            /* 分数 */
        char gender;                            /* 性别 */
    } a = {21, 80, 'n'};
    struct Student b = a;
    printf("年龄:%d 分数:%.2f 性别:%c\n", a.age, a.score, a.sex );
}
```

在该例中，如果不需要声明结构变量 b，结构是可以匿名的。即

```
struct                                          /* 声明时直接定义，这被称为匿名结
构 */
{
    int age;                                    /* 年龄 */
    float score;                                /* 分数 */
    char gender;                                /* 性别 */
} a = {21, 80, 'n'};
```

匿名结构通常用于在结构内定义其成员。例如，定义地图上一个点的信息，包括地理坐标和信息说明。例如：

```
struct GeoInfo {
    char text[20];
    struct {
        double x;
        double y;
        double z;
    } pos;
};
```

C 语言中，定义一个结构变量时的格式必须是“struct 结构名 变量名”。struct 很烦琐，在实践中，通常利用 typedef 将结构定义为一个新类型，以学生信息结构为例：

```
Typedef struct _Student {
    int age;                                    /* 年龄 */
```

```
    float score;                        /* 分数 */
    char gender;                        /* 性别 */
} Student;
```

这样在声明结构变量时会变得更加简洁：

```
Student a = {21, 80, 'n'}, b, c;
```

10.4.2 初始化结构

初始化结构示例如下：

```
struct Book
{
char title[MAXTITL];                    //一个字符串表示的 titile 题目
char author[MAXAUTL];                   //一个字符串表示的 author 作者
float value;                            //一个浮点型表示的 value 价格
}
```

定义一个结构体变量，并对其进行初始化。例如：

```
struct Book s1={                        //对结构体初始化
        "yuwen",                        //title 为字符串
        "guojiajiaoyun",                //author 为字符数组
        22.5                            //value 为 flaot 型
};                                      //用逗号分隔
```

也可以对部分成员进行初始化。例如：

```
struct Book s1={                        //对结构体初始化
        "yuwen",                        //title 为字符串
        "guojiajiaoyun",                //author 为字符数组
        //value 被初始化为缺省值 0。
};
```

如果不指定具体初始化哪个成员，则按成员的顺序初始化相应的成员。当不足时，全部补 0，也就是 value 会被初始化为 0，超出时，编译器会报错。

还可以指定成员来初始化，例如：

```
struct Birthday {
    int year, mon, day;
    char name[32];
} me = {1969, .name = "kmwang"};
```

结构变量 me 的 year 被初始化为 1969，name 被初始化为 kmwang，而未指定的 mon 和 day 被初始化为 0。

对于成员也是结构对象的嵌套结构对象，可以使用“{初始化成员}”进行初始化，例如：

```
struct GeoInfo {
    char text[20];
    struct {
        double longitude;
        double latitude;
    } pos;
} office = {"My Office", {116.33538,39.7503}};
```

注意：如果在定义结构体变量时没有初始化，后续还可以单独对对应数据成员进行赋值。需要注意的是，赋值和初始化不同，例如字串成员必须使用 strcpy 函数来赋值，而初始化不需要。例如：

```
struct Book s2;
strcpy(s2.title, "shuxue");
strcpy(s2.author, "guojiajiaoyunn");
s2.value=18;
```

除此之外，还可以使用复合字面量对结构赋值。通过复合字面量，可以在一个语句中给结构变量的多个成员变量赋值。例如：

```
s1= (struct book){
    "guojiajiaoyun",                          //author 为字符数组
    "yuwen",                                  //title 为字符串
    22.5
};
```

在 C 语言中，结构体是一种复合数据类型，可以包含多个不同的数据类型成员。如果想创建一个结构体，其中一个成员是另一个结构体，就是所谓的嵌套结构体。这种做法可以创建更复杂的数据结构，并且展示了 C 语言中自定义类型和其他类型没有本质区别的事实。

案例 **10.2**　结构体嵌套。

```
//定义第一个结构体
struct Person {
    char name[50];
    int age;
};

//定义第二个结构体,它嵌套了第一个结构体
struct Employee {
    int id;
    struct Person person;                     //嵌套结构体
    float salary;
};

int main() {
```

```
    //创建一个 Employee 结构体的实例
    struct Employee emp;

    //使用嵌套的结构体成员
    emp.id = 1;
    strcpy(emp.person.name, "John Doe");
    emp.person.age = 30;
    emp.salary = 50000.0f;

    //打印信息
    printf("Name: %s, Age: %d, ID: %d, Salary: %.2f\n", emp.person.name, emp.
person.age, emp.id, emp.salary);

    return 0;
}
```

案例分析：

在 main 函数中，创建了一个 Employee 的实例，并给它的嵌套结构体成员赋值，然后打印出来。定义了两个结构体：Person 和 Employee。Employee 结构体中的 Person 成员是 Person 类型的，这就是嵌套结构体的一个例子。

通过上面这个例子，可以看到结构作为成员的嵌套实例，说明自定义类型和其他类型没有区别。

10.4.3 访问结构成员

结构体就像一个超级数组，在这个超级数组内，一个元素可以是 char 类型，下一个元素可以是 float 类型，再下一个还可以是 int 数组型，这些都是存在的。在数组里面，我们通过下标可以访问一个数组的各个元素，那么如何访问结构体中的各个成员呢？结构成员运算符点(.)可以访问结构体成员。例如：

```
结构体变量名.成员名;
```

点运算符的结合性是自左至右的，它在所有的运算符中优先级是最高的。例如，s1.title 指的就是 s1 的 title 部分，s1.author 指的就是 s1 的 author 部分，s1.value 指的就是 s1 的 value 部分。然后就可以像字符数组那样使用 s1.title，像使用 float 数据类型一样使用 s1.value。s1 是个结构体，但是 s1.value 却是 float 类型的。因此 s1.value 就相当于 float 类型的变量名一样，可以按照 float 类型来使用。例如：

```
printf("%s\n%s\n%f",s1.title,s1.author,s1.value);  //访问结构体变量元素
scanf("%d",&s1.value);                          //这个语句存在两个运算符，& 和结构成员运算符
```

是不是需要将 s1.value 括起来，以表示 s1 的 value 部分？这里概括起来也是一样的，因为点的优先级要高于 &。

如果其成员本身又是一种结构体类型，那么可以通过若干个成员运算符一级一级地找到最低一级成员，再对其进行操作，即

结构体变量名.成员.子成员…最低一级子成员;

```
struct Date
{
    int year;
    int month;
    int day;
};
struct Student
{
    char name[10];
    struct date birthday;
}student1;
```

若想引用 student 的出生年月日,可表示为“student. birthday. year;”,birthday 是 student 的成员,year 是 birthday 的成员。

除了为某个结构变量的成员进行单独赋值外,还可以将一个结构体变量作为一个整体赋值给另一相同类型的结构体变量,可以达到整体赋值的效果;这个成员变量的值都将全部整体赋值给另一个变量。不能将一个结构体变量作为一个整体进行输入和输出;在输入和输出结构体数据时,必须分别指明结构体变量的各成员。

案例 **10.3**　结构体内存计算。

```
#include <stdio.h>
#include <string.h>
struct Books1 {};
struct Books2 {
    char title[50];
    char author[50];
    char subject[100];
    int book_id;
};

int main( )
{
    printf("%d\n", (int) sizeof(struct Books1));
    printf("%d\n", (int) sizeof(struct Books2));
    return 0;
}
```

案例分析:

在 C 语言中,嵌套结构体是一种常见的设计方式,可以用于创建复杂的数据结构。位域(bit-fields)是 C 语言的一个特性,它允许指定一个结构体成员的位数,从而节省空间。

如果想在嵌套结构体中增加位域,可以直接在嵌套的结构体中定义位域。例如:

```
struct Inner {
    unsigned int bf: 1;                                  //位域
    unsigned int bf2: 2;                                 //位域
};

struct Outer {
    int a;
    struct Inner inner;
    int c;
};

int main() {
    struct Outer outer;
    outer.a = 1;
    outer.inner.bf = 1;
    outer.inner.bf2 = 2;
    outer.c = 3;

    return 0;
}
```

位域成员的总长度不能超过它们所在的数据类型的长度。例如，bf 必须放在一个 unsigned int 或 int 类型的数据中，且其长度不能超过 32 位。struct Inner 是一个嵌套的结构体，它包含两个位域：bf 和 bf2。struct Outer 是外部的结构体，它包含一个 struct Inner 类型的成员和两个普通的整型成员。在 main 函数中，创建了一个 struct Outer 的实例，并给它的各个字段赋值。

默认情况下，结构变量在运行时占用的空间并不是所有成员所占空间之和，而是保证所有成员按其需要对齐的情况下所需占用的空间，例如：

```
struct TestMem {
    char charVal;
    int intVal;
    double realVal;
} a;
```

对于 a 所占空间的计算如下。

charVal 只占 1 字节。

intVal 是整数，需要 4 字节对齐，即 a 的地址必须能被 4 整除，则 charVal 与 intVal 直接有 3 字节的保留空间。charVal 和 intVal 总共占用 8 字节。

double realVal 需要 8 字节对齐，因此 a 的地址需要能被 8 整除，因为 charVal 和 intVal 占用 8 字节，因此 a 总共占用 16 字节。

尽管不同的 C 编译器可以通过特定的修饰说明实现压缩的结构变量，但这种做法将降低执行效率，还可能遇到因对齐问题而产生总线错的风险，因此无论何时都需要避免使用这种非标准特性。

10.4.4　结构变量作为函数参数

案例 **10.4**　结构变量作为函数参数。

```
#include <stdio.h>
#include <string.h>
struct Books {
    char  title[50];
    char  author[50];
    char  subject[100];
    int   book_id;
};
//函数声明
void printBook( struct Books book );
int main( ) {
    struct Books book1;                              //声明结构变量
    //结构变量初始化
    strcpy( Book1.title, "C Programming");
    strcpy( Book1.author, "Nuha Ali");
    strcpy( Book1.subject, "C Programming Tutorial");
    Book1.book_id = 6495407;
    //传参数,调用函数
    printBook( Book1 );
    //使用复合字面量传参数,调用函数
    printBook( (struct Books) {"Telecom Billing",
                               "Zara Ali",
                               "Telecom Biling Tutorial",
                               6495700} );

    return 0;
}
void printBook( struct Books book ) {

    printf( "Book title : %s\n", book.title);
    printf( "Book author : %s\n", book.author);
    printf( "Book subject : %s\n", book.subject);
    printf( "Book book_id : %d\n", book.book_id);
}
```

案例分析：

语句"strcpy(Book2.title, "Telecom Billing");"利用 strcpy 函数对结构体变量成员进行赋值，或用成员运算符点和赋值符号直接赋值"book1.book_id = 6495407;"。利用成员运算符可以访问结构体变量的数据成员。正常情况下，当函数参数为结构变量时，应使用指针进行传递，而不是本节中的直接传递，这是因为 C 语言函数在传递参数时按值传递，需要进行复制，而结构变量的内存占用量可能会很大，例如本例中的 Book，其结构变量占用 204 字节的空间，每次调用 printBook 函数均需要复制 204 字节的数据。

注意：当使用 C99 特性的复合字面量进行函数参数的传递时，即

```
printBook( (struct Books) {"Telecom Billing",
                           "Zara Ali",
                           "Telecom Biling Tutorial",
                           6495700} );
```

等同于定义了一个临时的 Books 类型的变量：

```
struct Books temp_bool_vars_0 = {"Telecom Billing",
                                 "Zara Ali",
                                 "Telecom Biling Tutorial",
                                 6495700} );
printBook(temp_bool_vars_0);
```

临时变量 temp_bool_vars_0 的生命期等同于自动变量，即从定义时一直到函数或程序块结束。也就是说，printBook 仍然可使用返回该临时变量的地址，并且在函数或程序块内使用，当超出其生命期时，其值不变。C++ 有自身的构造机理，复合字面量与其冲突，这是 C 语言独有的语法。

10.5 结构体指针和结构体数组

结构体类型作为标准数据类型的补充，也可以定义结构体指针和结构体数组。作为函数参数传递，可以分为结构体传递和指针传递。

结构体传递直接把结构体的实例复制给函数的参数。这种方式的优点是实现简单，但是如果结构体非常大，则效率就会很低，因为需要复制大量的数据。例如：

```
struct Student {
    char name[20];
    int age;
};

void printStudent(struct Student s) {
    printf("Name: %s, Age: %d\n", s.name, s.age);
}

int main() {
    struct Student stu = {"Tom", 18};
    printStudent(stu);
    return 0;
}
```

指针传递是把结构体实例的地址传递给函数，函数内部通过这个地址来访问结构体的成员。这种方式的优点是在传递大结构体时效率高，但是实现稍微复杂一点。例如：

```
struct Student {
    char name[20];
    int age;
```

```
};

void printStudent(struct Student * s) {
    printf("Name: %s, Age: %d\n", s->name, s->age);
}

int main() {
    struct Student stu = {"Tom", 18};
    printStudent(&stu);
    return 0;
}
```

在实际应用中，结构体传递简单，但是对大结构体效率低；指针传递复杂，但是对大结构体效率高，不复制实际数据，只复制地址。

案例 **10.5** 结构体指针。

```
#include <stdio.h>
#include <string.h>
struct Books {
   char  title[50];
   char  author[50];
   char  subject[100];
   int   book_id;
};
//函数声明
void printBook( struct Books * book );
int main( ) {
   struct Books Book1;                          //声明结构体变量
   //结构变量初始化
   strcpy( Book1.title, "C Programming");
   strcpy( Book1.author, "Nuha Ali");
   strcpy( Book1.subject, "C Programming Tutorial");
   Book1.book_id = 6495407;
   //传参数，调用函数
   printBook( &Book1 );
   //使用复合字面量传参数，调用函数
   printBook( &(struct Books) {"Telecom Billing",
                               "Zara Ali",
                               "Telecom Biling Tutorial",
                               6495700} );

   return 0;
}
void printBook( struct Books * book )
{
   printf( "Book title : %s\n", book->title);
   printf( "Book author : %s\n", book->author);
```

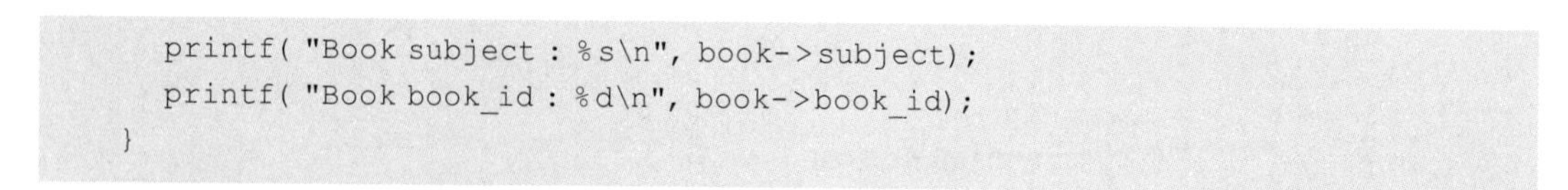

```
    printf( "Book subject : %s\n", book->subject);
    printf( "Book book_id : %d\n", book->book_id);
}
```

案例分析：

定义结构体指针的格式为

```
struct Books * struct_pointer;
```

存放结构体变量的地址在结构体变量指针中。和基本数据类型的变量一样，使用“&”操作符取一个变量的地址

```
struct_pointer = &Book;
```

然后就可以使用结构体指针访问成员变量了，访问的操作符由原来的“.”变为“->”。

案例 **10.6**　结构体数组。

```
#include <stdio.h>
#include <string.h>
struct Books {
    char  title[50];
    char  author[50];
    char  subject[100];
    int   book_id;
};
    void printBook( struct Books * book );     //函数原型声明
    int main( ) {
    struct Books books[2];
    //赋初值
    strcpy( books[0].title, "C Programming");
    strcpy( books[0].author, "Nuha Ali");
    strcpy( books[0].subject, "C Programming Tutorial");
    books[0].book_id = 6495407;

    //赋初值
    strcpy( books[1].title, "Telecom Billing");
    strcpy( books[1].author, "Zara Ali");
    strcpy( books[1].subject, "Telecom Billing Tutorial");
    books[1].book_id = 6495700;

    //显示结构体数组元素的地址
    printBook( &books[0] );

    //显示结构体数组元素的地址
    printBook( &books[1] );

    return 0;
    }
void printBook( struct Books * book )
```

```
{
    printf( "Book title : %s\n", book->title);
    printf( "Book author : %s\n", book->author);
    printf( "Book subject : %s\n", book->subject);
    printf( "Book book_id : %d\n", book->book_id);
}
```

案例分析：

结构体定义的一般格式为

```
struct 结构体名{成员表列}数组名[数组长度];
```

对结构体数组初始化的形式是在定义数组的后面加上"={初值表列};",也可以同案例中一样,"strcpy(books[1].title, "Telecom Billing");"利用 strcpy 函数进行赋值,或用成员运算符点和赋值符号直接赋值,即"books[1].book_id = 6495700"。

book->title 中的指向运算符(->)也可以访问成员,这里又多了一种访问成员的方式。

案例 **10.7**　结构体成员访问方式。

```
#include <stdio.h>
struct Student
{
        int sno;
        char sname[20];
        int age;
        double heigh;
        int weight;
};
int main()
{
    Student student;
    Student * s;
    s=&student;
    scanf("%d%s%d%lf%d",&s->sno,s->sname,&s->age,&s->heigh,&s->weight);
    printf("第一种访问方式下输出结果:\n");
    printf("%5d%20s%5d%7.2lf%5d\n",student.sno,student.sname,student.age,
student.heigh,student.weight);
    printf("第二种访问方式下输出结果:\n");
    printf("%5d%20s%5d%7.2lf%5d\n",s->sno,s->sname,s->age,s->heigh,s->
weight);
    printf("第三种访问方式下输出结果:\n");
    printf("%5d%20s%5d%7.2lf%5d\n",(*s).sno,(*s).sname,(*s).age,(*s).
heigh,(*s).weight);
    return 0;
}
```

案例分析：

定义一个结构体类型的变量，用来存放班长的相关信息。在引用各成员时，如果是结构体变量，则使用成员运算符(.)访问成员；如果是结构体指针，则使用指向运算符(->)访问成员；也可运用指针运算符(*)和成员运算符(.)结合访问成员。

在上面的案例中：

(1) 定义结构体类型 Student，其中包括 5 个成员：学号(sno)、姓名(sname)、年龄(age)、身高(height)、体重(weight)。

(2) 采用结构体类型 Student 定义相应的变量 student 和指针变量 *s。

(3) 将 Student 类型的指针变量 s 指向对应的变量 student。

(4) 采用指针访问的方式读入学生的学号、姓名、年龄、身高、体重等个人信息。

(5) 对变量 student 使用成员运算符(.)的形式访问输出各成员的值。

(6) 对指针变量 s 使用指向运算符(->)的形式访问输出各成员的值。

(7) 对指针变量 s 使用间址运算符(*)和成员运算符结合的形式访问各成员的值。

10.6 union

在 C 语言中，还有另一种和结构体非常类似的语法，叫作共用体(union)，它的定义格式为

```
union 共用体名
{
    成员列表...
};
```

共用体有时也称为联合或者联合体。

结构体和共用体的区别在于：结构体的各个成员会占用不同的内存，互相之间没有影响；而共用体的所有成员占用同一段内存，修改一个成员会影响其余所有成员。

结构体占用的内存大于或等于所有成员占用的内存的总和(成员之间可能会存在缝隙)，共用体占用的内存等于最长的成员占用的内存。共用体使用了内存覆盖技术，同一时刻只能保存一个成员的值，如果对新的成员赋值，就会把原来成员的值覆盖。

(1) 共用体也是一种自定义类型，可以通过它来创建变量。例如：

```
union Data
{
    int i;
    char ch;
    double d;
};
union Data ud;
```

(2) 定义共用体的同时创建变量。例如：

```
union Data
```

```
{
    int i;
    char ch;
    double d;
} ud;
```

（3）如果不再定义新的变量，也可以将共用体的名字省略，这称为匿名联合。例如：

```
union
{
    int i;
    char ch;
    double d;
} ud,cd;
```

联合的初始化语法与结构的基本相同，由于成员共享同一内存，故其只初始化一个成员。

10.7　动态存储-链式结构

与普通数组用于存储大量数据一样，链表也是一种数据容器。所谓的数据容器，就是用于大量数据存储的结构对象。例如，定义一个存放 10 个元素的整形数组“int arry[10];”，对数组的“查”和“改”很方便，但是对数组元素的“增加”和“删除”就有难度了。数组已经确定了 10 个元素，因为数组是连续的空间，如果此时想要在数组中增加或删除一个元素，则需要将后续所有数据都向后迁移或向前迁移。另外，基本数组只能存放指定类型的数据，例如 int 数组只能存放 int 类型数据，char 数组只能存放 char 类型数据，不能同时存放多种类型、复杂的数据等。而链表容器的特性与数组有很大的不同，其查找性能远低于数组，但插入和删除效率远高于数组。

链表、数组等容器与存储的数据是独立的，数据可以是任意类型，同样有不同类型的容器用于组织和存储这些数据，因此这两部分应当独立设计，不应该混为一谈。例如：

```
struct Test                    //这是结构体链表节点
{
        int x,y,z;
        float a,b,c;
        char i,j;
        int num [20];
        char arry[10] = {0};   //链表的成员变量,一个节点存放数据
                               //可以根据自己的需求,在节点中定义多种数据类型
        struct Test * next;    //链表节点的连接,这是链表连接的关键,存放下一个节点的地址
};                             //存放下一个节点的地址可以访问下一个节点的数据
```

x、y、z、a、b、c 等均是需要存储的数据的集合，而 struct Test ＊next 则是使用单向链表的方法，用于指向下一个数据结构的指针，空时表示是最后一个。这样像用一根绳子拴蚂蚱一样，把所有的数据串在了一起。

对于这种混合了链表的设计，不同的结构需要自己维护其所有的查找、删除、插入等工作，十分烦琐。下面以最简单的单链表为例，设计一个通用的单链表实现。

案例 **10.8** 动态存储-单链表。

一、类型与接口的设计

容器具有通用性，需要提供给其他同行使用的公有代码需要长期保持接口的稳定性，否则接口的变化势必造成其他代码的大范围改动，因此接口的设计需要仔细推敲其定义的合理性。

1. 链表容器的定义和构造析构

一方面，容器内部的实现往往比较复杂，其实现的细节需要对使用者隐藏，以防止其不当使用而造成错误。另一方面，容器的结构后续也可能发生改变，而这些改变也不会影响使用者的代码，以保证兼容。在 C 语言中，通常使用 void 类型来达到隐藏内部实现的目的。在这里，我们还引入了容器迭代子的概念对容器进行操作，两种类型均被定义成 void 类型和 void 指针类型。

```
typedef void BIGC_SLIST;
typedef void* BIGC_SLIST_ITR;
```

迭代子是一种常用的设计方法或设计模式，其特性与指针非常类似，至少可用加 1 操作指向下一个容器中的一个元素，可以获得该迭代子所在的元素数据或更改该数据。

由于链表要动态存储多个数据，即可变长度的容器，因此其需要使用动态分配的方法来实现，即具有构造函数和析构函数：

```
BIGC_SLIST *bigc_slist_new();
void bigc_slist_delete(BIGC_SLIST *lst);
```

由于是通用设计，因此这些对外提供服务的函数即全局函数，也称为链表容器的接口函数。这里采用了古老的 C 语言的命名习惯，即全部采用小写，用“_”分隔，其组成如下：

```
域名_模块名_功能模块名
```

域名通常是单位名或者产品名等唯一名称，模块名为当前子模块的名称，功能名即函数的功能。这里采用校名 bigc，模块单向链表 slist 作为所有函数的前缀名称，以防止与其他模块重名。

2. 获取容器属性

容器的属性通常有容器的最大容量、容器内有多少个元素等，这里仅提供容器元素。注意：表示元素数的类型一定是 size_t，其链表结构变量作为第一个传递参数。

```
size_t bigc_slist_size(BIGC_SLIST *lst);
```

3. 迭代子接口

迭代子接口包括获取第一个元素/最后一个元素的迭代子，获取下一个元素的迭代子，以及通过迭代子进行数据操作的函数。

```
BIGC_SLIST_ITR bigc_slist_head(BIGC_SLIST * lst);
BIGC_SLIST_ITR bigc_slist_trail(BIGC_SLIST * lst);
BIGC_SLIST_ITR bigc_slist_itr_next(BIGC_SLIST_ITR itr);
void * bigc_slist_itr_get_data(BIGC_SLIST_ITR itr);
void * bigc_slist_itr_set_data(BIGC_SLIST_ITR itr, void * new_data);
```

4. 容器操作接口

容器操作接口函数包括链表的插入、添加、删除操作。插入删除需要借助迭代子进行定位。

```
BIGC_SLIST_I      slist_insert(BIGC_SLIST * lst,
                 R pos, void * data);
                 list_append(BIGC_SLIST * lst, void * data);
                 list_erase(BIGC_SLIST * lst,
                 pos);
```

的方法进行全局变量的接口函数。函数指针通过传递其私有数回调，这是一个常用的方法。其中，数据参数也常采用迭代

```
         _forall(BIGC_SLIST * lst,

         d * handle, void * data));
```

式提供给使用者，需要做好文档工作，整理后的头文件

```
                类型隐藏其内部实现

                表的迭代子，因此只能顺序访问

         IGC_SLIST_ITR;

/**
 * @brief 创建单向链表
```

```
 *
 * @return BIGC_SLIST * 创建的单向链表对象指针
 */
BIGC_SLIST *bigc_slist_new();
/**
 * @brief 销毁链表对象
 *
 * @param lst 由@see bigc_slist_new 创建的链表对象
 */
void bigc_slist_delete(BIGC_SLIST *lst);
/**
 * @brief 获得链表存储的数据数量
 *
 * @param lst 链表对象
 * @return size_t 链表存储的数据数量
 */
size_t bigc_slist_size(BIGC_SLIST *lst);
/**
 * @brief 获得指向第一个元素的迭代子
 *
 * @param lst 链表对象
 * @return BIGC_SLIST_ITR 指向第一个元素的迭代子,若为 NULL 则表示链表为空链表
 */
BIGC_SLIST_ITR bigc_slist_head(BIGC_SLIST *lst);
/**
 * @brief 获得指向最后一个元素的迭代子
 *
 * @param lst
 * @return BIGC_SLIST_ITR
 */
BIGC_SLIST_ITR bigc_slist_trail(BIGC_SLIST *lst);
/**
 * @brief 获得下一个元素的迭代子
 *
 * @param itr 链表对象
 * @return BIGC_SLIST_ITR 下一个元素的迭代子,若为 NULL 则表示到达了链表的结尾
 */
BIGC_SLIST_ITR bigc_slist_itr_next(BIGC_SLIST_ITR itr);
/**
 * @brief 获取迭代子存储内容的指针
 *
 * @param itr 迭代子
 * @return void * 数据指针
 */
void *bigc_slist_itr_get_data(BIGC_SLIST_ITR itr);
/**
 * @brief 将迭代子中的数据替换为新数据
 *
 * @param itr 迭代子
 * @param data 替换的数据
```

```
 * @return void* 替换前的数据

 */

 */
void *bigc_slist_itr_set_data(BIGC_SLIST_ITR itr, void *data);
/**
 * @brief 向链表尾部中添加元素
   *
 * @param lst 链表对象
 * @param data 添加的数据,注意链表销毁时并不销毁该数据
 * @return BIGC_SLIST_ITR 新元素对应的迭代子,若为 NULL,则表示添加失败
 */
BIGC_SLIST_ITR bigc_slist_append(BIGC_SLIST *lst, void *data);
/**
 * @brief 在当前位置后面插入数据节点
 *
 * 由于是单向链表,若在 pos 前插入,则需要从链表头开始查找 pos 的前一个节点
 *
 * @param lst 链表对象
 * @param pos 当前位置迭代子,若为 NULL,则表示添加在头部
 * @param data 添加的数据
 * @return BIGC_SLIST_ITR 新数据对应的迭代子,若为 NULL,则表示添加失败
 */
BIGC_SLIST_ITR bigc_slist_insert_after(BIGC_SLIST *lst, BIGC_SLIST_ITR pos,
void *data);
/**
 * @brief 删除节点
 *
 * 这是由于单向链表的特点造成的,如果删除本节点,则必须从链表头开始查找其前一个节点才可
保证链表的完整性
 *
 * @param lst 链表对象
 * @param pos 要删除的节点的前一节点迭代子,若为 NULL,则表示删除的是链表的第一个节点
 * @return BIGC_SLIST_ITR 删除的 pos 的下一个数据迭代子,否则返回 pos 本身表示错误
 */
BIGC_SLIST_ITR bigc_slist_erase_after(BIGC_SLIST *lst, BIGC_SLIST_ITR pos);
/**
 * @brief 遍历链表
 *
 * @param lst 链表对象
 * @param handle 遍历函数的第一参数
 * @param forall 遍历函数,其第一参数为 handle,第二参数为节点的数据,若返回 0 则继续,否
则终止
 * @return BIGC_SLIST_ITR 终止处的迭代子
 */
BIGC_SLIST_ITR bigc_slist_forall(BIGC_SLIST *lst, void *handle,
        int (*forall)(void *handle, void *data));

#ifdef __cplusplus
}
```

```
#endif

#endif //BIGCLIST_H
```

二、单向链表的实现

单向链表的实现包括对链表结构、迭代子的具体建模，以及接口实现两部分。链表结构类型和迭代子类型，在头文件里隐藏，均定义成 void 类型或 void 指针类型，它们的真实定义需要在实现里完成。首先是对应迭代子的类型，即链表节点的定义：

```
typedef struct _SLIST_NODE {
    void * data;                                /**< 存储的数据指针 * /
    struct _SLIST_NODE * next;                  /**< 下一个节点指针 * /
} SLIST_NODE;
```

节点存储的类型同理也是 void 指针类型，其生命周期由调用者来维护，链表里既不分配数据空间，也不使用和释放，因此也不关心其真实类型，保存其首地址即可。

链表本身可用链表头来表示，但在实际使用中，我们经常会查看容器中元素的个数，以及在尾部添加新的元素，因此将这两个属性定义在链表的结构里，其结构定义如下：

```
typedef struct {
    SLIST_NODE * head;                          /**< 单向链表的头指针 * /
    SLIST_NODE * trail;                         /**< 单向链表的尾指针 * /
    size_t size;                                /**< 数据数量 * /
} SLIST;
```

这样定义也需要插入、删除等函数，需要仔细维护 trail 成员和 size 成员的值的正确性。特别需要注意的是，本模块分配的内存需要在本模块里释放，因此其构造函数分配的内存以及插入函数分配的节点内存都需要在析构函数里释放，但节点的数据不在链表模块里维护，如果需要，使用者可以使用遍历接口自行释放。

实现在 bigclist.c 中，其代码如下：

```
#include "bigclist.h"
#include <stdlib.h>
#include <string.h>
#include <assert.h>

/**
 * @brief 单向链表的结点
 *
 * 单向链表节点由外表数据和指向下一个节点的指针组成
 * /
typedef struct _SLIST_NODE {
    void * data;                                /**< 存储的数据指针 * /
    struct _SLIST_NODE * next;                  /**< 下一个节点指针 * /
} SLIST_NODE;
```

```
/**
 * @brief 单向链表结构
 *
 * 单向链表由头指针、尾指针和数据数量组成。虽然单向链表可以直接用节点来表示,
 * 但这里仍然对其进行完整的建模,以保证尾部添加元素算法的效率
 */
typedef struct {
    SLIST_NODE * head;                          /**< 单向链表的头指针 */
    SLIST_NODE * trail;                         /**< 单向链表的尾指针 */
    size_t size;                                /**< 数据数量 */
} SLIST;

BIGC_SLIST * bigc_slist_new()
{
    SLIST * list;

    list = (SLIST *)malloc(sizeof(SLIST));
    if (!list)
        return NULL;
    /* 结构全部填 0,则 head、trail 为 NULL, size 为 0 */
    memset(list, 0, sizeof(SLIST));
    return list;
}

void bigc_slist_delete(BIGC_SLIST * lst)
{
    SLIST * list = (SLIST *)lst;
    SLIST_NODE * p, * q;
    if (!list)
        return;
    p = list->head;
    while(p) {                                  //删除所有节点
        q = p->next;
        free(p);
        p = q;
    }
    free(lst);                                  //释放链表结构
}

size_t bigc_slist_size(BIGC_SLIST * lst)
{
    SLIST * list = (SLIST *)lst;
    return list ? list->size : 0;
}

BIGC_SLIST_ITR bigc_slist_head(BIGC_SLIST * lst)
{
    SLIST * list = (SLIST *)lst;
    return list ? list->head : NULL;
}
```

```
BIGC_SLIST_ITR bigc_slist_trail(BIGC_SLIST * lst)
{
    SLIST * list = (SLIST * )lst;
    return list ? list->trail : NULL;
}

BIGC_SLIST_ITR bigc_slist_itr_next(BIGC_SLIST_ITR itr)
{
    SLIST_NODE * p = (SLIST_NODE * )itr;
    return p ? p->next : NULL;
}

void * bigc_slist_itr_get_data(BIGC_SLIST_ITR itr)
{
    SLIST_NODE * p = (SLIST_NODE * )itr;
    return p ? p->data : NULL;
}

void * bigc_slist_itr_set_data(BIGC_SLIST_ITR itr, void * new_data)
{
    SLIST_NODE * p = (SLIST_NODE * )itr;
    void * old;
    if (!p)
        return NULL;
    old = p->data;
    p->data = new_data;
    return old;
}

BIGC_SLIST_ITR bigc_slist_append(BIGC_SLIST * lst, void * data)
{
    SLIST * list = (SLIST * )lst;
    SLIST_NODE * p;

    assert(list);
    p = (SLIST_NODE * )malloc(sizeof(SLIST_NODE));
    if (!p)
        return p;
    p->data = data;
    p->next = NULL;

    if (list->trail) {                              //若尾部为空,则添加到尾部
        list->trail->next = p;
        list->trail = p;
    }
    else { //否则是空链表,头和尾均是新建的节点
        assert(!list->head);
        list->head = list->trail = p;
    }
```

```
    list->size++;
    return p;
}

BIGC_SLIST_ITR bigc_slist_insert_after(BIGC_SLIST * lst, BIGC_SLIST_ITR pos,
void * data)
{
    SLIST * list = (SLIST * )lst;
    SLIST_NODE * p, * cur = (SLIST_NODE * )pos;

    assert(list);
    p = (SLIST_NODE * )malloc(sizeof(SLIST_NODE));
    if (!p)
        return p;
    p->data = data;
    if (!cur) {                         //若 pos 是空,则添加到链表的最前面.
        p->next = list->head;
        list->head = p;
    }
    else {                              //否则,添加到节点 pos 的后面.
        assert(list->head && list->trail);
        p->next = cur->next;
        cur->next = p;
    }
    if (!p->next)                       //pos 节点如果是尾部节点,则 trail 是新添加的节点
        list->trail = p;
    list->size++;
    return p;
}

BIGC_SLIST_ITR bigc_slist_erase_after(BIGC_SLIST * lst, BIGC_SLIST_ITR pos)
{
    assert(lst);
    SLIST * list = (SLIST * )lst;
    SLIST_NODE * prev = (SLIST_NODE * )pos, * cur, * next;
    if (!prev) {
        cur = list->head;
        if (!cur)
            return NULL;
        list->head = cur->next;
        if (!list->head)                //只有一个元素的列表,尾节点置空
            list->trail = NULL;
        next = cur->next;
    }
    else {
        cur = prev->next;
        if (!cur)
            return NULL;
        prev->next = cur->next;
        if (!prev->next) {              //因为是单向链表,搜索 pos 前一个节点
```

```
            list->trail = prev;
        next = cur->next;
        }
    free(cur);
    list->size--;
    return next;
}

BIGC_SLIST_ITR bigc_slist_forall(BIGC_SLIST * lst, void * handle,
                int (* forall)(void * handle, void * data))
{
    SLIST * list = (SLIST *)lst;
    assert(list);
    SLIST_NODE * p = list->head;
    while(p && !forall(handle, p->data))
        p = p->next;
    return p;
}
```

模块的每个接口函数均应该书写测试用例完成单元测试，下面是一个简单的测试作为样例：

```
#include <stdio.h>
#include "bigclist.h"

static int print_node(void * handle, void * data)
{
    FILE * fp = (FILE *)handle;
    fprintf(fp, "%s\n", (char *)data);
    return 0;
}
static const char * test_datas[] = {
    "This",
    "is",
    "a",
    "single",
    "list",
    "container",
    NULL
};

int main()
{
    BIGC_SLIST * list;

    list = bigc_slist_new();
    for (int i = 0; test_datas[i]; i++)
        bigc_slist_append(list, (void *)test_datas[i]);
    bigc_slist_erase_after(list, NULL);
```

```
    bigc_slist_forall(list, stdout, print_node);
    bigc_slist_delete(list);
}
```

案例分析：

对单向链表建模，包括头指针、尾指针和数据数目，实现链表在头部尾部添加元素，以及计算里面的节点数等操作。

本例中结构应该定义在一个单独的 bigclist_private.h 里，因为比较简单，故定义在了 bigclist.c 里，但不能定义在 biglist.h 里，因为要隐藏两个结构，不让使用者直接操作。采用 void 来隐藏链表的具体实现是常用的手段。

实现遍历功能用到了函数指针，这是极常用的手法。存储数据的分配和释放不在列表的实现里，而是需要在外部通过遍历来实现。

10.8　动态存储-Vector

数组是一种非常常用的数据容器，但 C 语言数组的设计相对简单，且不进行越界检查。虽然用 malloc 函数可动态分配数组，但缺少针对数组的一般操作方法。Vector 是一种动态数组，其使用 malloc 函数在栈中分配存储区，适用于大量数据的存储，其数组大小可在使用过程中动态增加，不会发生越界写入的问题，同时配合了常用的函数方法，提高了数组操作的便利性。

向量和数组一样是连续存储的，获取其数据首地址后，可以像普通数组一样操作。向量的存储是自动处理的，通常会比正常的数组占用更多的空间来处理未来的增长，通常增长会安装当前容量的 1.5～2 倍容量重新分配。当数据长度固定下来后，可以通过 shrink 方法将多余的空间返回给内存管理系统。

尽管在向量的尾部进行添加、删除等操作是快速的，但是，如果需要重新分配，其代价是高昂的，通常需要将全部元素复制到新的缓冲中。这也是很多人对向量效率不高有误解的原因。通常，我们需要预估需要的大致空间，通过 reserve 方法预留空间来减少重新分配的概率。一个新的向量容器直接用 push_back 方法在尾部进行添加操作会造成多次的重新分配而降低效率。

少量数据可以使用普通的数组进行管理，但对于大量数据的存储，应当采用 Vector 代替普通的数组，包括通过 malloc 分配的原始数据缓冲的方法。Vector 可以自动调整尺寸，没有数组越界写入的问题，而且应用十分方便。

1. 类型的定义于构造析构函数

同单向链表一样，隐藏 Vector 内部的实现为

```
typedef void BIGC_VECTOR;
```

Vector 也是动态容器，并且适合存储任何类型的数据，因此也采用动态分配的接口形式，其中构造函数需要提供存储元素单元的字节数。例如：

```
BIGC_VECTOR * bigc_vector_new(size_t membSize);
void bigc_vector_delete(BIGC_VECTOR * v);
```

2. Vector 容量和大小管理接口

不同于链表可随时根据需要插入和删除节点，Vector 在使用中需要仔细维护其容量和数组大小，尽量通过 reserve 方法保留合理空间以提升效率。例如：

```
size_t bigc_vector_size(BIGC_VECTOR * v);                     //获取数组大小
size_t bigc_vector_capacity(BIGC_VECTOR * v);                 //获取容量
size_t bigc_vector_resize(BIGC_VECTOR * v, size_t nsize);     //改变数组大小
size_t bigc_vector_reserve(BIGC_VECTOR * v, size_t ncap);     //预保留空间
void bigc_vector_shrink(BIGC_VECTOR * v);                     //释放多余空间
void bigc_vector_clear(BIGC_VECTOR * v);                      //清空数组,但不释放缓冲
```

3. 数据访问接口

除了常用的 get/set 接口外，由于数组访问，在尾部进行增加、删除操作是快速操作，因此单独提供接口，这些接口还可以将 Vector 当作栈来应用。插入删除接口提供对数据的插入和删除。注意：set 函数的下标可以大于当前数组的尺寸，Vector 会自动扩大数组。例如：

```
void * bigc_vector_data(BIGC_VECTOR * v);                     //获取数据缓冲
void * bigc_vector_get(BIGC_VECTOR * v, size_t index);        //获取指定下标的数据
void * bigc_vector_set(BIGC_VECTOR * v,
                     const void * data, size_t index);        //写入指定下标数据
void * bigc_vector_push_back(BIGC_VECTOR * v,
                     const void * data);                      //在尾部添加数据
void * bigc_vector_pop_back(BIGC_VECTOR * v);                 //删除尾部数据
void * bigc_vector_back(BIGC_VECTOR * v);                     //获取最后一个数据的指针
void * bigc_vector_insert(BIGC_VECTOR * v, const void * data,
                     size_t index, size_t n);                 //插入一组数据
size_t bigc_vector_erase(BIGC_VECTOR * v,
                     size_t index, size_t n);                 //删除数据
```

Vector 模块中没有提供专门的迭代子和遍历接口，因为其数组的特性，故用下标访问这些元素非常方便。

4. Vector 结构建模

Vector 对象需要维护数组的尺寸、向量的容量、数据缓冲，并记录单元的大小，用于分配数据缓冲、数据的插入和删除等操作。例如：

```
typedef struct {
    size_t size;                          /**< 向量内数据的数量 * /
    size_t capacity;                      /**< 向量的容量 * /
    size_t membSize;                      /**< 数据项的字节数 * /
    void * data;                          /**< 数据缓冲 * /
} VECTOR;
```

5. 缓冲区的维护

缓冲区初始通过 malloc 函数动态分配，在使用过程中，通过 realloc 函数进行重新分配。当需要重新分配时，即当前容量不足以满足数组尺寸要求时，分配的原则采用了保守的 1.5 倍算法，即新的容量等于当前所需最小尺寸的 1.5 倍。这是因为我们更鼓励使用者通过 reserve 方法来预留空间，以平衡重新分配效率的损失和空间损失。

案例 10.8 利用动态链表实现了存储数据的分配和释放。接下来实现类似的功能。首先，在头文件 bigcvect.h 中定义接口，通过头文件的形式提供给使用者。

头文件 bigcvect.h 代码如下：

```
#ifndef BIGCVECT_H

#define BIGCVECT_H

#include <stddef.h>

#ifdef __cplusplus
extern "C"
{
#endif

/**
 * 定义向量对象类型,采用 void 类型隐藏其内部实现
 */
typedef void BIGC_VECTOR;

/**
 * @brief 创建向量对象
 *
 * 在堆中创建向量对象,使用完后必须通过 bigc_vector_delete 释放
 *
 * @param nmemb 向量存储元素的大小,单位:字节数
 * @return 向量对象
 */
BIGC_VECTOR *bigc_vector_new(size_t membSize);
/**
 * @brief 销毁向量对象
 *
 * 销毁向量对象,并同时销毁存储元素的缓冲区
 *
 * @param v 由 bigc_vector_new 创建的向量对象
 */
void bigc_vector_delete(BIGC_VECTOR *v);
/**
 * @brief 清空向量对象
 *
 * 置向量中存储的元素数目为 0,但并不释放数据缓冲
 *
 * @param v 向量对象
```

```
 * /
void bigc_vector_clear(BIGC_VECTOR * v);
/**
 * @brief 获得向量中存储的元素数目
 *
 * @param v 向量对象
 * @return 存储的元素数量
 * /
size_t bigc_vector_size(BIGC_VECTOR * v);
/**
 * @brief 获取向量的容量
 *
 * 向量的容量大于存储的元素数,以提升添加新元素的速度
 *
 * @param v 向量对象
 * @return 向量对象的容量
 * /
size_t bigc_vector_capacity(BIGC_VECTOR * v);
/**
 * @brief 获取向量中数据缓冲
 *
 * 向量中的数据缓冲同数组一样是连续,当插入/添加新元素后,数据缓冲地址可能改变
 *
 * @param v 向量对象
 * @return 数据缓冲数组的首地址
 * /
void * bigc_vector_data(BIGC_VECTOR * v);
/**
 * @brief 获得向量中元素的地址
 *
 * @param v 向量对象
 * @param index 数据的索引
 * @return 该数据的地址,NULL 表示 index 超出向量的边界
 * /
void * bigc_vector_get(BIGC_VECTOR * v, size_t index);
/**
 * @brief 将数据存入向量
 *
 * 由于向量的长度是可变的,因此 index 可以超出当前向量存储的元素数
 *
 * @param v 向量对象
 * @param data 要存入的数据
 * @param index 存入的单元索引
 * @return 存入的该单元的地址
 * /
void * bigc_vector_set(BIGC_VECTOR * v, const void * data, size_t index);
/**
 * @brief 重置向量中存储元素的大小
 *
 * 当新尺寸小于原尺寸时,新尺寸的元素将变为无效。反之,原尺寸的元素被添加但未初始化
```

```
 *
 * @param v 向量对象
 * @param nsize 新的大小
 * @return 更改后向量存储的元素的数量
 */
size_t bigc_vector_resize(BIGC_VECTOR *v, size_t nsize);
/**
 * @brief 保留存储空间
 *
 * 为了效率,当预计需要的存储量时,可预留相应的空间防止过多的容量变更而造成效率损失
 *
 * @param v 向量对象
 * @param ncap 新的容量
 * @return 更改后向量的容量
 */
size_t bigc_vector_reserve(BIGC_VECTOR *v, size_t ncap);
/**
 * @brief 收缩容器的容量
 *
 * 收缩容器的容量恰好能容纳当前元素的存储量
 *
 * @param v 向量对象
 */
void bigc_vector_shrink(BIGC_VECTOR *v);
/**
 * @brief 向向量尾部添加新元素
 *
 * 向量的尾部添加效率是 O(1)。但当向量的容量不够时,会扩展缓冲,并可能造成全部数据的
复制
 *
 * @param v 向量对象
 * @param data 添加的数据指针
 * @return 添加后所在缓冲的地址
 */
void *bigc_vector_push_back(BIGC_VECTOR *v, const void *data);
/**
 * @brief 删除向量的最后一项
 *
 * @param v 向量对象
 * @return 如果向量内数据不为空,则返回最后一个数据的地址,否则返回 NULL

 */
void *bigc_vector_pop_back(BIGC_VECTOR *v);

/**

 * @brief 获取向量中最后一个元素的地址


 *
```

```
 * @param v 向量对象

 * @return 最后一个元素的地址,若向量中无元素,则返回 NULL

 */

void *bigc_vector_back(BIGC_VECTOR *v);
/**
 * @brief 向向量中插入数据
 *
 * 向量插入效率为 O(n),尽量在尾部添加新的元素
 *
 * @param v  向量对象
 * @param data 插入数据的首地址
 * @param index 插入的位置索引
 * @param n 插入的元素数量
 * @return 新插入的元素在向量缓冲区中的地址
 */
void *bigc_vector_insert(BIGC_VECTOR *v, const void *data,
                         size_t index, size_t n);
/**
 * @brief 删除向量中的元素
 *
 * 向量元素的删除效率为 O(n),尽可能删除尾部数据
 *
 * @param v 向量对象
 * @param index 需要删除数据的索引
 * @param n 删除的数量
 * @return 实际删除的元素数量
 */
size_t bigc_vector_erase(BIGC_VECTOR *v, size_t index, size_t n);

#ifdef __cplusplus
}
#endif

#endif //BIGCVECT_H
```

接下来,在 bigcvect.c 中实现上述接口。

bigcvect.c 代码如下:

```
#include <stdlib.h>
#include <string.h>
#include <assert.h>
#include "bigcvect.h"

/**
 * @brief 向量对象结构
 *
```

```
 * 向量是一种尺寸可以伸缩的数组类容器
 */
typedef struct {
    size_t size;                              /**< 向量内数据的数量 */
    size_t capacity;                          /**< 向量的容量 */
    size_t membSize;                          /**< 数据项的字节数 */
    void * data;                              /**< 数据缓冲 */
} VECTOR;

BIGC_VECTOR * bigc_vector_new(size_t membSize)
{
    VECTOR * vect = (VECTOR *)malloc(sizeof(VECTOR));

    if (!vect)
        return NULL;
    assert(nmemb);
    memset(vect, 0, sizeof(VECTOR));
    vect->membSize = membSize;
    return vect;
}

void bigc_vector_delete(BIGC_VECTOR * v)
{
    VECTOR * vect = (VECTOR *)v;

    if (!vect)
        return;
    free(vect->data);                         //释放数据
    free(vect);                               //释放 Vector 对象本身
}

void bigc_vector_clear(BIGC_VECTOR * v)
{
    VECTOR * vect = (VECTOR *)v;

    assert(vect);
    vect->size = 0;
}

size_t bigc_vector_size(BIGC_VECTOR * v)
{
    VECTOR * vect = (VECTOR *)v;

    assert(vect);
    return vect->size;
}

size_t bigc_vector_capacity(BIGC_VECTOR * v)
{
    VECTOR * vect = (VECTOR *)v;
```

```
    assert(vect);
    return vect->capacity;
}

void *bigc_vector_data(BIGC_VECTOR *v)
{
    VECTOR *vect = (VECTOR *)v;

    assert(vect);
    return vect->data;
}

void *bigc_vector_get(BIGC_VECTOR *v, size_t index)
{
    VECTOR *vect = (VECTOR *)v;

    assert(vect);
    if (index < vect->size)
        return ((char *)vect->data) + index * vect->membSize;
    return NULL;
}

void *bigc_vector_set(BIGC_VECTOR *v, const void *data, size_t index)
{
    VECTOR *vect = (VECTOR *)v;
    char *p;

    assert(vect);
    if (index >= vect->size) { //当 index 大于当前向量尺寸时,扩大向量
        if (bigc_vector_resize(v, index + 1) != index + 1)
            return NULL;
    }
    p = (char *)vect->data + index * vect->membSize;
    memcpy(p, data, vect->membSize);
    return p;
}

size_t bigc_vector_resize(BIGC_VECTOR *v, size_t nsize)
{
    VECTOR *vect = (VECTOR *)v;

    assert(vect);
    if (nsize > vect->capacity) {               //如果当前容量不足,则重新分配缓冲区
        size_t ncap = nsize + nsize / 2 + 1;
        void *p = realloc(vect->data, ncap * vect->membSize);
        if (p) {
            vect->data = p;
            vect->capacity = ncap;
            vect->size = nsize;
```

```
        }
    }
    else {
        vect->size = nsize;
    }
    return vect->size;                    //如果返回值不等于参数 nsize,则判断为失败
}

size_t bigc_vector_reserve(BIGC_VECTOR * v, size_t ncap)
{
    VECTOR * vect = (VECTOR * )v;

    assert(vect);
    if (ncap > vect->capacity) {
        void * p = realloc(vect->data, ncap * vect->membSize);
        if (p) {
            vect->data = p;
            vect->capacity = ncap;
        }
    }
    return vect->capacity;
}

void bigc_vector_shrink(BIGC_VECTOR * v)
{
    VECTOR * vect = (VECTOR * )v;

    assert(vect);
    if (vect->capacity > vect->size) {
        void * p = NULL;
        if (vect->size)
            p = realloc(vect->data, vect->size * vect->membSize);
        else
            free(vect->data);
        vect->data = p;
        vect->capacity = vect->size;
    }
}

void * bigc_vector_push_back(BIGC_VECTOR * v, const void * data)
{
    VECTOR * vect = (VECTOR * )v;
    char * p;

    assert(vect);
    if (vect->size >= vect->capacity) { //当容量不足时,扩大容量
        size_t ncap = vect->size + vect->size / 2 + 1;
        if (bigc_vector_reserve(v, ncap) < ncap)
            return NULL;
    }
```

```
    p = (char *)vect->data + vect->size * vect->membSize;
    memcpy(p, data, vect->membSize);
    vect->size++;
    return p;
}

void * bigc_vector_pop_back(BIGC_VECTOR * v)
{
    VECTOR * vect = (VECTOR *)v;

    assert(vect);
    if (!vect->size)
        return NULL;
    vect->size--;
    return vect->size ?
              (char *)vect->data + (vect->size - 1) * vect->membSize:
              NULL;
}

void * bigc_vector_back(BIGC_VECTOR * v)
{
    VECTOR * vect = (VECTOR *)v;

    assert(vect);
    if (!vect->size)
        return NULL;
    return    (char *)vect->data + (vect->size - 1) * vect->membSize;
}

void * bigc_vector_insert(BIGC_VECTOR * v,
                    const void * data,
                    size_t index,
                    size_t n)
{
    VECTOR * vect = (VECTOR *)v;
    size_t asize;
    char * p;

    assert(vect);
    asize = vect->size > index ? vect->size : index;
    if (asize + n > vect->capacity) {         //如果需要,则扩大容量
        size_t ncap = asize + n + (asize + n) / 2 + 1;
        if (bigc_vector_reserve(v, ncap) < ncap)
            return NULL;
    }
    p = (char *)vect->data + index * vect->membSize;
    if (index < vect->size) {
    //因为有重叠,故不可使用 memcpy,需要使用 memmove
        memmove(p + n * vect->membSize, p, (vect->size - index) * vect->
membSize);
```

```
    }
    memcpy(p, data, n * vect->membSize);
    vect->size = asize + n;
    return p;
}

size_t bigc_vector_erase(BIGC_VECTOR * v, size_t index, size_t n)
{
    VECTOR * vect = (VECTOR * ) v;
    char * p;

    assert(vect);
    if (index >= vect->size)
        return 0;
    if (index + n > vect->size)
        n = vect->size - index;
    p = (char * )vect->data + index * vect->membSize;
    //因为有重叠,故不可使用 memcpy,需要使用 memmove
    memmove(p, p + vect->membSize, n * (vect->size - index - 1) * vect->
membSize);
    vect->size -= n;
    return n;
}
```

下面是一个测试样例，测试案例 10.8 中定义的 Vector。

main.c 代码如下：

```
#include <stdio.h>
#include "bigcvect.h"

int main ()
{

    BIGC_VECTOR * v;
    int t[] = {10, 20, 30};      v = bigc_vector_new(sizeof(int));
    for (int i = 0; i < 5; i++)          bigc_vector_push_back(v, &i);

    bigc_vector_insert(v, t, 2, 3);

    for (size_t i = 0; i < bigc_vector_size(v); i++)

        printf("%d\n", * (int * )bigc_vector_get(v, i));

    bigc_vector_delete(v);
    return 0;
}
```

10.9 本章小结

C结构提供在相同的数据对象中存储多个不同类型的数据项的方法。可以使用标记来标识一个具体的结构模板，并声明该类型的变量。通过成员点运算符(.)可以使用结构模板中的标签来访问结构的各个成员。

如果有一个指向结构的指针，则可以用该指针和间接成员运算符(->)代替结构名和点运算符来访问结构的各成员。和数组不同，结构名不是结构的地址，要在结构名前使用“&”运算符才能获得结构的地址。

与结构相关的函数都使用指向结构的指针作为参数。现在的C允许把结构作为参数传递，作为返回值和同类型结构之间赋值。然而，传递结构的地址通常更有效。

union和enum数据类型为程序设计提供了更多的类型选择。

10.10 课后习题

1. 设计一个结构体类型存储一个月份名、该月份名的3个字母缩写、该月的天数以及月份号。

定义一个数组，内含12个结构并初始化为一个年份(非闰年)。

2. 声明一个标记为choices的枚举，把枚举常量no、yes和maybe分别设置为0、1、2。

3. 编写一个函数，提示用户输入日、月和年。月份可以是月份号、月份名或月份名缩写。然后该程序应返回一年中到用户指定日期(包括这一天)的总天数。

4. 有以下定义：

```
struct student{
    int num;                                    //学生序号
    char name[20];                              //学生姓名
    int math;                                   //数学成绩
}stu[4];
```

请从键盘输入4条学生信息并存入结构体数组stu，然后在屏幕上依次输出这些学生信息，并计算出数学平均成绩，结果保留2位小数。

5. 有以下类信息，使用结构体数组存储这些信息：

```
struct class{
    int id;                                     //类编号
    char info[20];                              //类信息
}a[5]={{1,"aaa"},{2,"bbb"},{6,"ccc"},{7,"ddd"},{4,"eee"}};
```

从键盘输入一个类编号，如果有该类，则删除该类信息，并输出删除后剩余的类信息；如果没有，则全部输出。

6. 有以下职工信息，使用结构体数组存储这些信息，从键盘输入5条记录，然后在屏幕

上依次输出职工信息，最后分行输出 5 条职工信息和最低工资，每行数据均使用一个空格分隔。

```
struct stuff{
    int stuffID;                                        //职工编号
    float bonus;                                        //工资
};
```

第 11 章　文　　件

11.1　本章内容

本章介绍以下内容：

- 函数：fopen()、getc()、putc()、exit()、fclose()、fprintf()、fscanf()、fgets()、fputs()、rewind()、fseek()、feof()、ferror()、fread()、fwrite()。
- 如何使用 C 标准 I/O 系列的函数处理文件。
- 文本模式和二进制模式、文本和二进制格式。
- 使用既可以顺序访问文件也可以随机访问文件的函数。

文件是当今计算机系统不可或缺的部分。文件用于存储程序、文档、数据、书信、表格、图形、照片、视频和许多其他种类的信息。作为程序员，必须学会编写创建文件和从文件读写数据的程序。

11.2　文件的打开和关闭

输入/输出(input output，IO)是指程序计算机内存与外部设备进行交互的操作，如从键盘上读取数据，从本地或网络上的文件读取数据或写入数据等。通过输入和输出操作可以从外界接收信息，或把信息传递给外界。文件是数据源的一种，最主要的作用是保存数据。

C 语言对于文件的操作包括打开文件、读取和追加数据、插入和删除数据、关闭文件、删除文件等。打开文件就是获取文件的有关信息，例如文件名、文件状态、当前读写位置等，这些信息会被保存到一个 FILE 类型的结构体变量中。关闭文件就是断开与文件之间的联系，释放结构体变量，同时禁止再对该文件进行操作。

在 C 语言中，文件有多种读写方式，可以一个字符一个字符地读取，也可以读取一整行，还可以读取若干字节。文件的读写位置也非常灵活，可以从文件开头读取，也可以从中间位置读取。

11.2.1　打开文件

1. fopen() 函数原型

使用<stdio.h>头文件中的 fopen()函数即可打开文件，它的用法为

```
FILE * fopen(char * filename, char * mode);
```

其中，filename 为文件名，文件名往往包括文件路径；mode 为打开方式，它们都是字符串。

2. fopen()函数的返回值

fopen()会获取文件信息，包括文件名、文件状态、当前读写位置等，并将这些信息保存到一个 FILE 类型的结构体变量中，然后将该变量的地址返回。FILE 是 <stdio.h> 头文件中的一个结构体，用来描述保存的文件信息。

若想接收 fopen()的返回值，就需要定义一个 FILE 类型的指针：

```
FILE * fp = fopen("demo.txt", "r");
```

表示以“只读”方式打开当前目录下的 demo.txt 文件，并使 fp 指向该文件，这样就可以通过 fp 来操作 demo.txt 了。这里的 fp 称为文件指针。

案例 **11.1**　以二进制方式打开 D 盘下的 test.txt 文件。

```
FILE * fp;
if( (fp=fopen("D:\\test.txt","rb")) = = NULL ){
    printf("Fail to open file!\n");
    exit(0);                                    //结束程序
}
```

案例分析：

fopen("D:\\test.txt","rb")表示以二进制方式打开 D 盘下的 test.txt 文件，允许读和写。当打开文件出错时，fopen()将返回一个空指针，也就是 NULL。通过判断 fopen()的返回值是否和 NULL 相等来判断是否打开成功：如果 fopen()的返回值为 NULL，那么 fp 的值也为 NULL，此时 if 的判断条件成立，表示文件打开失败。

在打开文件时，一定要判断文件是否打开成功，因为一旦打开失败，后续操作就无法进行了，往往以“结束程序”告终。

3. fopen()函数的打开方式

不同的操作需要不同的文件权限。例如，如果只想读取文件中的数据，“只读”权限就够了；如果既想读取又想写入数据，“读写”权限就是必需的了。

文件也有不同的类型，按照数据的存储方式可以分为二进制文件和文本文件，它们的操作细节是不同的。

在调用 fopen() 函数时，这些信息都必须提供，称为“文件打开方式”。调用 fopen() 函数时必须指明读写权限，但是可以不指明读写方式(此时默认为"t")。最基本的文件打开方式如表 11.1 和表 11.2 所示。

表 **11.1**　控制读写权限的字符串

打开方式	说　　明
"r"	以“只读”方式打开文件。只允许读取，不允许写入。文件必须存在，否则打开失败
"w"	以“写入”方式打开文件。如果文件不存在，那么创建一个新文件；如果文件存在，那么清空文件内容(相当于删除原文件，再创建一个新文件)
"a"	以“追加”方式打开文件。如果文件不存在，那么创建一个新文件；如果文件存在，那么将写入的数据追加到文件的末尾(文件原有的内容保留)

续表

打开方式	说　　明
"r+"	以"读写"方式打开文件。既可以读取也可以写入，也就是可以随意更新文件。文件必须存在，否则打开失败
"w+"	以"写入/更新"方式打开文件，相当于 w 和 r+叠加的效果。既可以读取也可以写入，也就是可以随意更新文件。如果文件不存在，那么创建一个新文件；如果文件存在，那么清空文件内容（相当于删除原文件，再创建一个新文件）
"a+"	以"追加/更新"方式打开文件，相当于 a 和 r+叠加的效果。既可以读取也可以写入，也就是可以随意更新文件。如果文件不存在，那么创建一个新文件；如果文件存在，那么将写入的数据追加到文件的末尾（文件原有的内容保留）
"t"	文本文件。如果不写，则默认为"t"
"b"	二进制文件

读写权限和读写方式可以组合使用，但是必须将读写方式放在读写权限的中间或者尾部。例如：

将读写方式放在读写权限的末尾："rb"、"wt"、"ab"、"r+b"、"w+t"、"a+t"。

将读写方式放在读写权限的中间："rb+"、"wt+"、"ab+"。

整体来说，文件打开方式由 r、w、a、t、b、+这六个字符组成，各字符的含义是：

- r(read)：读。
- w(write)：写。
- a(append)：追加。
- t(text)：文本文件。
- b(binary)：二进制文件。
- +：读和写。

在不同的打开方式下，当执行失败时产生的结果也不一样，如表 11.2 所示。

表 11.2　文件打开方式及状态

文件打开方式	含　　义	指定文件不存在
"r"(只读)	为了输入数据，打开一个文本文件	出错
"w"(只写)	为了输出数据，打开一个文本文件	建立一个新的文本文件
"a"(追加)	向文件文本尾添加数据	出错
"rb"(只读)	为了输入数据，打开一个二进制文件	出错
"wb"(只写)	为了输出数据，打开一个二进制文件	建立一个新的二进制文件
"ab"(追加)	向二进制文件尾添加数据	出错

11.2.2　关闭文件

文件一旦使用完毕，应该用 fclose()函数把文件关闭，以释放相关资源，避免数据丢失。

fclose()的用法为

```
int fclose(FILE * fp);
```

fp 为文件指针。

案例 **11.2**　fopen()和 fclose()函数。

```
#include <stdio.h>
#include <stdlib.h>
#define N 100
int main() {
    FILE * fp;
    char str[N + 1];
    //判断文件是否打开失败
    if ( (fp = fopen("d:\\test.txt", "rt")) == NULL ) {
        puts("Fail to open file!");
        exit(0);
    }

    //循环读取文件的每行数据
    while( fgets(str, N, fp) != NULL ) {
        printf("%s", str);
    }
    //操作结束后关闭文件
    fclose(fp);
    return 0;
}
```

案例分析：

文件正常关闭时，fclose() 的返回值为 0，如果返回非零值，则表示有错误发生。

11.3　文件顺序读写

C 语言中，读写文件比较灵活，既可以每次读写一个字符，也可以读写一个字符串，甚至是任意字节的数据(数据块)。本节介绍以字符形式读写文件。以字符形式读写文件时，每次可以从文件中读取一个字符，或者向文件中写入一个字符。主要使用两个函数，分别是 fgetc() 和 fputc()。fgetc() 和 fputc() 函数每次只能读写一个字符，速度较慢。实际开发中，往往是每次读写一个字符串或者一个数据块，这样能明显提高效率。fgets() 有局限性，每次最多只能从文件中读取一行内容，因为 fgets() 遇到换行符就会结束读取。如果希望读取多行内容，需要使用 fread() 函数；相应地，写入函数为 fwrite()。fscanf() 和 fprintf() 函数与前面使用的 scanf() 和 printf() 功能相似，都是格式化读写函数，两者的区别在于 fscanf() 和 fprintf() 的读写对象不是键盘和显示器，而是磁盘文件。

11.3.1 fgetc()和 fputc()函数

1. fgetc()函数

fgetc()的用法为

```
int fgetc (FILE * fp);
```

fp 为文件指针。

fgetc()函数从指定文件中读取一个字符,读取到文件末尾或者读取失败时返回 EOF。EOF 是 end of file 的缩写,表示文件末尾,是在 stdio.h 中定义的宏,它的值是一个负数,往往是−1。

2. fputc()函数

fputc()的用法为

```
int fputc(int ch,FLEF* fp);
```

ch 为要写入的字符,fp 为文件指针。

每写入一个字符,文件内部的位置指针就向后移动 1 字节。

案例 **11.3** fgetc()函数。

```
#include<stdio.h>
int main(){
    FILE * fp;
    char ch;
    //如果文件不存在,则给出提示并退出
    if( (fp=fopen("D:\\test.txt","rt")) == NULL ){
        puts("Fail to open file!");
        exit(0);
    }
    //每次读取一个字节,直到读取完毕
    while( (ch=fgetc(fp)) != EOF ){
        putchar(ch);
    }
    putchar('\n');                                    //输出换行符
    fclose(fp);
    return 0;
}
```

案例分析:

在 D 盘下创建 test.txt 文件,输入任意内容并保存,运行程序,就会看到刚才输入的内容全部都显示在屏幕上。

程序中,while 循环的条件为(ch=fgetc(fp)) != EOF。fgetc() 每次从位置指针所在的位置读取一个字符,并保存到变量 ch,位置指针向后移动一字节。当文件指针移动到文

件末尾时，fget() 就无法读取字符了，于是返回 EOF，表示文件读取结束。

EOF 本来表示文件末尾，意味着读取结束，但是很多函数在读取出错时也会返回 EOF，那么当返回 EOF 时，到底是文件读取完毕了还是读取出错了？我们可以借助 stdio.h 中的两个函数来判断，分别是 feof() 和 ferror()。

feof() 函数用来判断文件内部指针是否指向了文件末尾，函数原型是

```
int feof ( FILE * fp );
```

当指向文件末尾时返回非零值，否则返回零值。

ferror() 函数用来判断文件操作是否出错，函数原型是

```
int ferror ( FILE *fp );
```

出错时返回非零值，否则返回零值。

为了保证文件数据读取的正确执行，可以对上面的代码进行优化。例如：

```
#include<stdio.h>
int main(){
    FILE * fp;
    char ch;
    //如果文件不存在，则给出提示并退出
    if( (fp=fopen("D:\\demo.txt","rt")) == NULL ){
        puts("Fail to open file!");
        exit(0);
    }
    //每次读取一字节，直到读取完毕
    while( (ch=fgetc(fp)) != EOF ){
        putchar(ch);
    }
    putchar('\n');                              //输出换行符
    if(ferror(fp)){
        puts("读取出错");
    }else{
        puts("读取成功");
    }
    fclose(fp);
    return 0;
}
```

案例 **11.4**　fgetc()和 fputc()函数。

```
#include<stdio.h>
int main(){
    FILE * fp;
    char ch;

    //判断文件是否成功打开
```

```
    if( (fp=fopen("D:\\test.txt","wt+")) == NULL ){
        puts("Fail to open file!");
        exit(0);
    }

    printf("Input a string:\n");
    //每次从键盘读取一个字符并写入文件
    while ( (ch=getchar()) != '\n' ){
        fputc(ch,fp);
    }
    fclose(fp);
    return 0;
}
```

案例分析：

被写入的文件可以用写、读写、追加方式打开，当使用写或读写方式打开一个已存在的文件时将清除原有的文件内容，并将写入的字符放在文件开头。如需保留原有文件内容，并把写入的字符放在文件末尾，就必须以追加方式打开文件。不管以何种方式打开，被写入的文件若不存在，则创建该文件。

每写入一个字符，文件内部位置指针就向后移动一字节。

运行程序，输入一行字符并按回车键结束，打开 D 盘下的 demo.txt 文件，就可以看到刚才输入的内容。程序每次从键盘读取一个字符并写入文件，直到按下回车键，若 while 条件不成立，则结束读取。

11.3.2　fgets()和 fputs()函数

1. fgets()函数

fgets()函数的用法为

```
char * fgets(char * buf,int n,FILE * fp);
```

buf 为存储字符串的地址，n 为读取字符串的长度，fp 为文件的指针。该函数每次最多只能读取一行，遇到\n 就会停止读取，若有多行，则需要循环读取。

读取成功时返回字符数组首地址，即 str；读取失败时返回 NULL；如果开始读取时文件内部指针已经指向了文件末尾，那么将读取不到任何字符，也返回 NULL。

注意：读取到的字符串会在末尾自动添加 '\0'，n 个字符也包括 '\0'。也就是说，实际只读取到了 n−1 个字符，如果希望读取 100 个字符，n 的值应该为 101。

2. fputs()函数

fputs()函数的用法为

```
int fputs(const char * str,FILE * fp);
```

str 为要写入文件的字符串，fp 为要操作的文件，返回值为 0 表示成功。写入的字符串也是以\n 结束，所以多行写入需要重复操作。

案例 **11.5**　fgets()函数。

```
#include <stdio.h>
#include <stdlib.h>
#define N 100
int main(){
    FILE * fp;
    char str[N+1];
    if( (fp=fopen("d:\\demo.txt","rt")) == NULL ){
        puts("Fail to open file!");
        exit(0);
    }

    while(fgets(str, N, fp) != NULL){
        printf("%s", str);
    }

    fclose(fp);
    return 0;
}
```

案例分析：

当 fgets()遇到换行时，会将换行符一并读取到当前字符串。该示例的输出结果之所以和 test.txt 保持一致，就是因为 fgets() 能够读取到换行符。而 gets() 不一样，它会忽略换行符。

需要注意“fgets(char * buf,int n,FILE * fp)”中的 n，在读取到第 n－1 个字符之前，如果出现了换行，或者读到了文件末尾，则读取结束。这就意味着不管 n 的值有多大，fgets()最多只能读取一行数据，不能跨行。在 C 语言中，没有按行读取文件的函数，我们可以借助 fgets()将 n 的值设置得足够大，这样每次就可以读取到一行数据。

案例 **11.6**　fputs()函数。

```
#include<stdio.h>
int main(){
    FILE *fp;
    char str[102] = {0}, strTemp[100];
    if( (fp=fopen("D:\\demo.txt", "at+")) == NULL ){
        puts("Fail to open file!");
        exit(0);
    }
    printf("Input a string:");
    gets(strTemp);
    strcat(str, "\n");
    strcat(str, strTemp);
    fputs(str, fp);
    fclose(fp);
```

```
    return 0;
}
```

案例分析：

运行程序，把对应的字符串添加到文件中。

11.3.3 fread()和 fwrite()函数

1. fread()函数

fread()函数的定义为

```
size_t fread(void* buf,size_t size,size_t count,FILE* fp);
```

fread 函数以二进制的形式打开文件，返回实际读取的完整项目数，如果发生错误或在达到计数之前遇到文件结尾，则该值可能小于计数。使用 feof()或 ferror()函数可以区分读取错误和文件结束的情况。如果大小或计数为 0，则 fread()返回 0 且缓冲区内容不变。

buf 为内存区块的指针，用来存放读取到的数据。size 表示每个数据块的字节数。count 表示要读取的数据块的个数。fp 为文件指针。

2. fwrite()函数

fwrite()函数的定义为

```
size_t fwrite(const void* buf,size_t size,size_t count,FILE* fp);
```

fwrite()返回实际写入的完整项的数量，如果发生错误，则该数量可能小于 count。buf 用来存放要写入的数据，其余参数与 fread()函数的相同。

案例 **11.7**　fwrite()和 fread()函数。

```
#include<stdio.h>
#define N 5
int main(){
    //从键盘输入的数据放入 a,从文件读取的数据放入 b
    int a[N], b[N];
    int i, size = sizeof(int);
    FILE * fp;

    if( (fp=fopen("D:\\test.txt", "rb+")) == NULL ){      //以二进制方式打开
        puts("Fail to open file!");
        exit(0);
    }
      //从键盘输入数据并保存到数组 a
    for(i=0; i<N; i++){
        scanf("%d", &a[i]);
    }
    //将数组 a 的内容写入文件
    fwrite(a, size, N, fp);
```

```
    //将文件中的位置指针重新定位到文件开头
    rewind(fp);
    //从文件读取内容并保存到数组 b
    fread(b, size, N, fp);
    //在屏幕上显示数组 b 的内容
    for(i=0; i<N; i++){
        printf("%d ", b[i]);
    }
    printf("\n");
    fclose(fp);
    return 0;
}
```

案例分析：

从键盘输入一个数组，将数组写入文件再读取出来。打开目录 D:\\test.txt，发现文件内容根本无法阅读。这是因为我们使用"rb+"的方式打开了文件，数组会原封不动地以二进制形式写入文件，一般无法阅读。

数据写入完毕后，位置指针在文件的末尾，要想读取数据，必须将文件指针移动到文件开头，这就是“rewind(fp);”的作用。

改写上面的案例，从键盘输入两个学生的数据，写入一个文件中，再读出这两个学生的数据显示在屏幕上。例如：

```
#include<stdio.h>
#define N 2
struct stu{
    char name[10];                          //姓名
    int num;                                //学号
    int age;                                //年龄
    float score;                            //成绩
}boya[N], boyb[N], *pa, *pb;

int main(){
    FILE *fp;
    int i;
    pa = boya;
    pb = boyb;
    if( (fp=fopen("d:\\demo.txt", "wb+")) == NULL ){
        puts("Fail to open file!");
        exit(0);
    }
    //从键盘输入数据
    printf("Input data:\n");
    for(i=0; i<N; i++,pa++){
        scanf("%s %d %d %f",pa->name, &pa->num,&pa->age, &pa->score);
    }
    //将数组 boya 的数据写入文件
    fwrite(boya, sizeof(struct stu), N, fp);
```

```
        //将文件指针重置到文件开头
        rewind(fp);
        //从文件读取数据并保存到数组 boyb
        fread(boyb, sizeof(struct stu), N, fp);
        //输出数组 boyb 中的数据
        for(i=0; i<N; i++,pb++){
            printf("%s  %d  %d  %f\n", pb->name, pb->num, pb->age, pb->score);
        }
        fclose(fp);
        return 0;
    }
```

11.3.4 fscanf()和 fprintf()函数

1. fscanf()函数

fscanf()函数为格式化读函数,其原型为

```
Int fscanf(FILE * fp,char * format,...);
```

fp 为文件指针,format 为格式控制字符串,"..."表示参数列表。与 scanf() 和 printf() 相比,它们仅仅多了一个 fp 参数。

2. fprintf()函数

fprintf()函数为格式化写函数,其原型为

```
Int fprintf(FILE * fp,char * format,...);
```

fprintf()返回成功写入的字符的个数,失败则返回负数。fscanf() 返回参数列表中被成功赋值的参数个数。

案例 11.8 用 fscanf()和 fprintf()函数来完成对学生信息的读写。

```
#include<stdio.h>
#define N 2
struct stu{
    char name[10];
    int num;
    int age;
    float score;
} boya[N], boyb[N], * pa, * pb;
int main(){
    FILE * fp;
    int i;
    pa=boya;
    pb=boyb;
    if( (fp=fopen("D:\\demo.txt","wt+")) == NULL ){
        puts("Fail to open file!");
        exit(0);
    }
    //从键盘读入数据,保存到 boya
```

```
    printf("Input data:\n");
    for(i=0; i<N; i++,pa++){
        scanf("%s %d %d %f", pa->name, &pa->num, &pa->age, &pa->score);
    }
    pa = boya;
    //将 boya 中的数据写入文件
    for(i=0; i<N; i++,pa++){
        fprintf(fp,"%s %d %d %f\n", pa->name, pa->num, pa->age, pa->score);
    }
    //重置文件指针
    rewind(fp);
    //从文件中读取数据,保存到 boyb
    for(i=0; i<N; i++,pb++){
        fscanf(fp, "%s %d %d %f\n", pb->name, &pb->num, &pb->age, &pb->score);
    }
    pb=boyb;
    //将 boyb 中的数据输出到显示器
    for(i=0; i<N; i++,pb++){
        printf("%s  %d  %d  %f\n", pb->name, pb->num, pb->age, pb->score);
    }
    fclose(fp);
    return 0;
}
```

案例分析：

打开目录 D:\\test.txt，发现文件的内容是可以阅读的，格式非常清晰。用 fprintf() 和 fscanf() 函数读写配置文件、日志文件会非常方便，不但程序能够识别，用户也可以看懂，可以手动修改。

如果将 fp 设置为 stdin，那么 fscanf()函数将会从键盘读取数据，与 scanf()的作用相同；如果设置为 stdout，那么 fprintf()函数将会向显示器输出内容，与 printf()的作用相同。例如：

```
#include<stdio.h>
int main(){
    int a, b, sum;
    fprintf(stdout, "Input two numbers: ");
    fscanf(stdin, "%d %d", &a, &b);
    sum = a + b;
    fprintf(stdout, "sum=%d\n", sum);
    return 0;
}
```

11.4　文件的随机读写

顺序读写文件是指读写文件只能从头开始依次读写各个数据。但在实际开发中，经常需要读写文件的中间部分，要解决这个问题，就得先移动文件内部的位置指针，再进行读写，这种读写方式称为随机读写，即从文件的任意位置开始读写。

实现随机读写的关键是要按要求移动位置指针，这称为文件的定位。文件定位函数有 rewind()和 fseek()。

1. rewind()函数

rewind() 用来将位置指针移动到文件开头，原型为

```
void rewind(FILE * fp)
```

2. fseek()函数

fseek()用来将位置指针移动到任意位置，原型为

```
int fseek(FILE * fp, long offset, int origin);
```

其中，fp 为文件指针，也就是被移动的文件。offset 为偏移量，也就是要移动的字节数。之所以为 long 类型，是希望移动的范围更大，能处理的文件更大。当 offset 为正时，向后移动；当 offset 为负时，向前移动。origin 为起始位置，也就是从何处开始计算偏移量。C 语言规定的起始位置有 3 种，分别为文件开头、当前位置和文件末尾，每个位置都用对应的常量来表示，如表 11.3 所示。

表 11.3　位置常量

起　始　点	常　量　名	常　量　值
文件开头	SEEK_SET	0
当前位置	SEEK_CUR	1
文件末尾	SEEK_END	2

例如，把位置指针移动到离文件开头 100 字节处，即

```
fseek(fp.100.0);
```

案例 11.9　从键盘输入 3 组学生信息并保存到文件中，然后读取第 2 个学生的信息。

```
#include<stdio.h>
#define N 3
struct stu{
    char name[10];                          //姓名
    int num;                                //学号
    int age;                                //年龄
    float score;                            //成绩
}boys[N], boy, * pboys;

int main(){
    FILE * fp;
    int i;
```

```
    pboys = boys;
    if( (fp=fopen("d:\\demo.txt", "wb+")) == NULL ){
        printf("Cannot open file, press any key to exit!\n");
        getch();
        exit(1);
    }

    printf("Input data:\n");
    for(i=0; i<N; i++,pboys++){
        scanf("%s %d %d %f", pboys->name, &pboys->num, &pboys->age, &pboys->
score);
    }
    fwrite(boys, sizeof(struct stu), N, fp);      //写入 3 条学生信息
    fseek(fp, sizeof(struct stu), SEEK_SET);      //移动位置指针
    fread(&boy, sizeof(struct stu), 1, fp);       //读取一条学生信息
    printf("%s  %d  %d %f\n", boy.name, boy.num, boy.age, boy.score);

    fclose(fp);
    return 0;
}
```

案例分析：

fseek()一般用于二进制文件，在文本文件中，由于要进行转换，因此计算的位置有时会出错。在移动位置指针之后，就可以用前面介绍的任意一种读写函数进行读写了。由于是二进制文件，因此常用 fread()和 fwrite()读写。

11.5　文本文件和二进制文件

数据文件分为文本文件和二进制文件。文本文件：以 ASCII 字符的形式存储的文件。如果要求在外存上以 ASCII 码的形式存储，则需要在存储前进行转换。二进制文件：数据在内存中以二进制的形式存储，不加转换地输出到外存。

数据在内存中的存储：字符以 ASCII 字符的形式存储；数值型数据既可以用 ASCII 字符的形式存储，也可使用二进制的形式存储。例如：正数 10000 以 ASCII 字符的形式输出到磁盘占用 5 字节（每个字符 1 字节）；而以二进制的形式输出，在磁盘上只占用 4 字节。

文本文件的读取是否结束：判断返回值是否为 EOF 或 NULL，fgetc 判断是否为 EOF，fgets()判断返回值是否为 NULL。二进制文件的读取是否结束：判断返回值是否小于实际要读的个数。例如可以利用 fread()判断返回值是否小于实际要读的个数。

11.6　本章小结

C 语言实现都提供底层 I/O 和标准高级 I/O。因为 ANSI C 库考虑到可移植性而包含标准 I/O 包，但是未提供底层 I/O。标准 I/O 包自动创建输入和输出缓冲区以加速数据传输。fopen()函数为标准 I/O 打开一个文件，并创建一个用于存储文件和缓冲区信息的结

构。fopen()函数返回指向该结构的指针,其他函数可以使用该指针指定待处理的文件。feof()和 ferror()函数报告 I/O 操作失败的原因。

C 把输入视为字节流。如果使用 fread()函数,C 把输入看作二进制值并将其存储在指定位置。如果使用 fscanf()、getc()、fgets()或其他相关函数,C 则将每个字节看作字符码,然后 fscanf()和 scanf()函数尝试把字符码翻译成转换说明指定的其他类型。类似地,fwrite()将二进制数据直接放入输出流,而其他输出函数把非字符数据转换成用字符表示后,才将其放入输出流。

ANSI C 提供两种文件打开模式:二进制和文本。以二进制模式打开文件时,可以逐字节读取文件;以文本模式打开文件时,会把文件内容从文本的系统表示法映射为 C 表示法。

11.7 课后习题

1. 二进制文件和文本文件有何区别?二进制流和文本流有何区别?

2. 以下语句的区别是什么?

```
printf("Hello, %s\n", name);
fprintf(stdout, "Hello, %s\n", name);
fprintf(stderr, "Hello, %s\n", name);
```

3. "a+""r+""w+"模式打开的文件都是可读写的。哪种模式更适合用来更改文件中已有的内容?

4. 编写一个文件复制程序,该程序通过命令行获取原始文件名和复制文件名。尽量使用标准 I/O 和二进制模式。

5. 编写一个程序打开一个文本文件,通过交互方式获得文件名。通过一个循环提示用户输入一个文件位置。然后,该程序打印从该位置开始到下一个换行符之前的内容。用户输入负数或非数值字符可以结束输入循环。

6. 从 score.txt 中读取学生成绩,将成绩分类,把结果输出到 result.txt 文件中。

7. 用程序创建二进制文件 xxx.dat,用命令行写入数据,再读取文件内容放入数组并计算,在命令行输出结果。

8. 将 int 类型、字符串类型、double 类型的 3 个变量的值用空格分隔并写入 test.txt 文件中。读取 test.txt 中的一行文本,然后将其转换为 int 类型、字符串类型和 double 类型的变量并输出。

第 12 章　预处理和库

12.1　本章内容

本章介绍以下内容：

- 预处理指令：＃include、＃define、＃ifdef、＃else、＃endif、＃ifndef、＃if、＃elif、＃line、＃error。
- C 库概述和一些特殊用途的方便函数。

C 语言建立在适当的关键字、表达式、语句以及使用它们的规则上。然而，C 标准不仅描述 C 语言，还描述如何执行 C 预处理器、C 标准库有哪些函数，以及这些函数的工作原理。

C 预处理器在程序执行之前查看程序（故称之为预处理器）。根据程序中的预处理器指令，预处理器把符号缩写替换成其表示的内容。预处理器可以包含程序所需的其他文件，可以选择让编译器查看哪些代码。

12.2　# include

在编译之前对源文件进行简单加工的过程称为预处理。预处理主要是处理以“＃”开头的命令，例如＃include ＜stdio.h＞等。预处理命令要放在所有函数之外，而且一般都放在源文件的前面。C 语言提供了多种预处理功能，如宏定义、文件包含、条件编译等，合理地使用它们会使编写的程序便于阅读、修改、移植和调试，也有利于模块化程序设计。

＃include 叫作文件包含命令，用来引入对应的头文件(.h 文件)。＃include 也是 C 语言预处理命令的一种。

＃include 的处理过程很简单，就是将头文件的内容插入该命令所在的位置，从而把头文件和当前源文件连接成一个源文件，这与复制和粘贴的效果相同。

＃include 的用法有两种：

```
#include <stdio.h>
#include "stdio.h"
```

使用尖括号“＜ ＞”和双引号“" "”的区别在于头文件的搜索路径不同。用尖括号，编译器会到系统路径下查找头文件；而使用双引号，编译器首先会在当前目录下查找头文件，如果没有找到，再到系统路径下查找。也就是说，使用双引号比使用尖括号多了一个查找路径，它的功能更为强大。stdio.h 和 stdlib.h 都是标准头文件，它们存放于系统路径下，所以使用尖括号和双引号都能够成功引入；而我们自己编写的头文件一般存放于当前项目的路径下，所以不能使用尖括号，只能使用双引号。

一个 #include 命令只能包含一个头文件，多个头文件需要多个 #include 命令。

案例 **12.1**　#include 预处理。

本例需要创建 3 个文件，分别是 main.c、my.c 和 my.h，如图 12.1 所示。

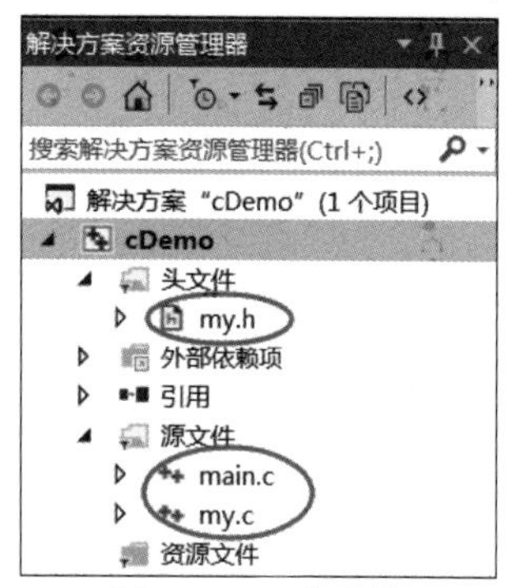

图 **12.1**　3 个文件

my.c 所包含的代码如下：

```
//计算从 m 加到 n 的和
int sum(int m, int n) {
    int i, sum = 0;
    for (i = m; i <= n; i++) {
        sum += i;
    }
    return sum;
}
```

my.h 所包含的代码如下：

```
//声明函数
int sum(int m, int n);
```

main.c 所包含的代码如下：

```
#include <stdio.h>
#include "my.h"
int main() {
    printf("%d\n", sum(1, 100));
    return 0;
}
```

案例分析：

my.c 中定义了 sum()函数，my.h 中声明了 sum()函数，这可能与很多初学者的认知发生了冲突：函数不是在头文件中定义的吗？为什么头文件中只有声明？不管是标准头文件还是自定义头文件，都只能包含变量和函数的声明，不能包含定义，否则在多次引入时会引起重复定义错误。

12.3　# define

#define 叫作宏定义命令，它也是 C 语言预处理命令的一种。所谓宏定义，就是用一个标识符来表示一个字符串，如果在后面的代码中出现了该标识符，那么就全部替换成指定的字符串。

宏定义的一般形式为

```
#define  宏名  字符串
```

“#”表示这是一条预处理命令，所有的预处理命令都以“#”开头。宏名是标识符的一种，命名规则和变量相同。字符串可以是数字、表达式、if 语句、函数等。

案例 **12.2**　宏定义(1)。

```
#include <stdio.h>
#define N 100
int main(){
    int sum = 20 + N;
    printf("%d\n", sum);
    return 0;
}
```

案例分析：

语句“int sum = 20 + N”中的 N 被 100 代替了。

程序中反复使用的表达式也可以使用宏定义，例如：

```
#define M (a * a * a+a * a)
```

它的作用是指定标识符 M 来表示(a * a * a+a * a)这个表达式。在编写代码时，所有出现 (a * a * a+a * a)的地方都可以用 M 来表示，而对源程序进行编译时，将先由预处理程序进行宏代替，即用(a * a * a+a * a)去替换所有的宏名 M，然后再进行编译。这里需要注意，(a * a * a+a * a)两侧的括号不能省略，这是因为有括号和没有括号会产生不一样的结果。

案例 **12.3**　宏定义(2)。

```
#include <stdio.h>
#define M (a * a * a+a * a)

int main(){
    int sum, n;
    printf("Input a number: ");
    scanf("%d", &n);
    sum = 3 * M+4 * M+5 * M;
    printf("sum=%d\n", sum);
    return 0;
}
```

案例分析：

程序的开头首先定义了一个宏 M，它表示 (n * n+3 * n) 这个表达式。第 9 行代码中使用了宏 M，预处理程序会将它展开为

```
sum=3*(n*n+3*n)+4*(n*n+3*n)+5*(n*n+3*n);
```

若程序的开头首先定义了一个宏 M，它表示 n*n+3*n 这个表达式。第 9 行代码中使用了宏 M，预处理程序会将它展开为

```
sum=3*n*n+3*n+4*n*n+3*n+5*n*n+3*n;
```

这显然是不正确的。所以进行宏定义时应保证在宏替换之后不发生歧义。

12.4 C 语言的泛型编程

12.4.1 宏特性与泛型编程

泛型编程是指针对多种类型或所有类型编写的一般化且可重复使用的算法，泛型编程需要相应的语言特性支持。在 C 中，最原始的宏特性即具有泛型编程的初始能力。例如，我们写一个函数求两个数的最大值：

```
int imax(int a, int b)
{
    return a > b ? a : b;
}
```

这个函数只适合整数，对于浮点数，需要再写一个 fmax()函数来完成计算，这使得应用起来相当烦琐，但可以定义一个宏：

```
#defien MAX(a, b) ((a) > (b) ?(a) : (b))
```

则无论是整数还是浮点数，均可以使用该宏完成求最大值的运算。测试程序如下：

```
#include <stdio.h>
#define MAX(a,b) ((a) > (b) ?(a) : (b))

int main()
{
    printf("Int max(3,4)=%d, double max(3.0, 4.0)=%lf \n",
        MAX(3, 4), MAX(3.0, 4.0));
    return 0;
}
```

注意宏的写法，所有参数都需要加括号以防止宏展开时的副作用。例如求平方的宏：

```
#define POW2(a) a * a
```

在应用时，我们这样引用：

```
int x = POW(3 + 4);
```

展开后等同于

```
int x = 3 + 4 * 3 + 4;
```

显然这不是我们所期望的，修改 POW2 的宏：

```
#define POW2(a) ((a) * (a))
```

则上式展开为

```
int x = ((3 + 4) * (3 + 4));
```

虽然宏有很多缺点，但其泛型的表达能力使其一直被广泛应用。

12.4.2　_Generic

虽然宏具有与类型无关的特性，但其无法分辨类型，使得其应用仍然很受限制。例如，我们求复数的模，复数有多种类型，如 float complex、double complex、long double complex。对于浮点数，也是复数，即虚部为零的复数，虽然有相应的函数 cabsf、cabs、cabsl、fabs 对相应的类型复数和浮点数求模，但只用宏无法完成求模的泛型实现。C11 标准引入了一个新的语言特性_Generic 来判断类型，其语法格式为

```
generic-selection:
_Generic ( assignment-expression, assoc-list )

assoc-list:
association
assoc-list, association

association:
type-name : assignment-expression
default : assignment-expression
```

例如：

```
#include <stdio.h>

int main()
{
    char * type = _Generic(100,
                                  int: "integer",
                                  char: "character",
                                  default: "unknown");
    printf("%s\n", type);
    return 0;
}
```

在这个例子里，100 是整数，因此_Generic 根据 100 的类型与 int 匹配，其值为"integer"，该

程序的打印结果为 integer。

_Generic 与宏结合可大幅扩展宏的泛型设计能力。例如前面所述的复数求模：

```
#include <stdio.h>
#include <math.h>
#include <complex.h>

#define fabs(x) _Generic((x), \
    float complex : cabsf, \
    double complex : cabs, \
    long double complex : cabsl, \
    default : fabs) (x)

int main()
{
    float complex a = 3 + 4i;

    printf("%f\n", fabs(a));
    return 0;
}
```

_Generic 根据 x 的类型选择不同的函数，如 float complex：cabsf、double complex：cabs，以此类推。注意：该例需要使用支持 C99 标准的复数类型的编译器，如果是微软的编译器，则其复数类型分别为_Fcomplex、_Dcomplex 和_Lcomplex，并且为结构类型，不是基础类型。

除了引入_Generic 关键字，还引入了通用数学函数库<tgmath.h>代替<math.h>，像 sin、cos 这样的函数，可根据其参数的类型自动选择相应的函数进行调用。

12.4.3 typeof 和 auto

交换两个数或对象是经常使用的算法。长期以来，C 语言中不同类型对象的交换均需要重新写一个函数，十分烦琐。例如：

```
#define SWAP(x, y) ((x) ^= (y) ^= (x) ^= (y))
```

利用赋值运算符和异或运算的特性，可以交换任意两个整型变量，包括 long long、long、int、short、char 以及相应的无符号类型，但无法交换浮点数，因为浮点数不能进行异或运算，自定义结构类型更不可能。即便如此，这个宏也被广泛应用。

交换两个对象需要定义一个中间变量，仅有_Generic 是无能为力的。C23 标准新引入了两个新特性，一个是 typeof，即取一个变量的类型，可以定义另一个相同类型的新变量；另一个是更改了 auto 的语义，auto 声明变量是自动变量是多余的修饰，现在 auto 具有另一个含义：推理类型。例如，

```
int a = 3;
auto b = a * 2;
typeof(a) c = b + 5;
```

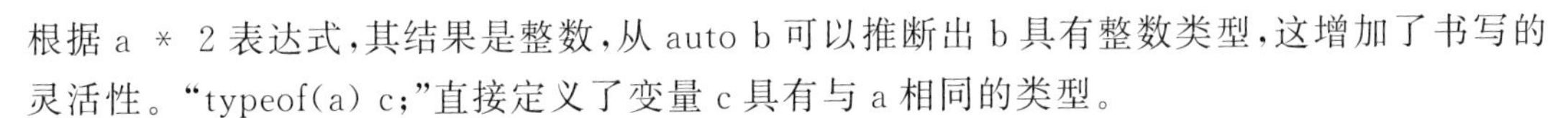

根据 a * 2 表达式，其结果是整数，从 auto b 可以推断出 b 具有整数类型，这增加了书写的灵活性。“typeof(a) c;”直接定义了变量 c 具有与 a 相同的类型。

有了这两个语言特性，可以很容易地写出一个针对所有类型的交换宏。例如：

```
#define SWAP(a, b) do {        \
    typeof(a) t = a;       \
    a = b;                 \
    b = t;                 \
} while(0)
```

或者书写成如下形式：

```
#define SWAP(a, b) do {        \
    auto t = a;          \
    a = b;               \
    b = t;               \
} while(0)
```

测试样例如下：

```
#include <stdio.h>
#include <complex.h>

#define SWAP(a, b) do {        \
    typeof(a) t = a;       \
    a = b;                 \
    b = t;                 \
} while(0)

int main()
{
    float complex a = 3 + 4i;
    float complex b = 6 + 8i;
    SWAP(a, b);
    printf("a=%g+%gi,b=%g+%gi\n",
        crealf(a), cimagf(a),
        crealf(b), cimagf(b));
    return 0;
}
```

注意：do {…}while(0)是惯用的定义宏的写法，使得使用 SWAP(a, b)的语法形式与函数 void SWAP(int a, int b)非常相似，如必须用“;”结束、不具有返回值等。特别地，它放在 if 语句后面而不会产生任何副作用。

尽管 C 语言的泛型支持能力相对 C++ 非常有限，但合理使用泛型仍然可以很好地提升代码的重用性。

12.5 条件编译宏定义

条件编译需要多个预处理命令的支持，“＃if”的一般格式为

```
#if 整型常量表达式 1
    程序段 1
#elif 整型常量表达式 2
    程序段 2
#elif 整型常量表达式 3
    程序段 3
#else
    程序段 4
#endif
```

它的意思是：如果“表达式 1”的值为真（非 0），就对“程序段 1”进行编译，否则计算“表达式 2”，若结果为真，就对“程序段 2”进行编译，为假就继续往下匹配，直到遇到值为真的表达式，或者遇到＃else 为止。这一点和 if else 非常类似。

需要注意的是，＃if 命令要求判断条件为“整型常量表达式”，也就是说，表达式中不能包含变量，而且结果必须是整数；而 if 后面的表达式没有限制，只要符合语法就行，这是＃if 和 if 的一个重要区别。＃elif 和＃else 也可以省略。省略＃elif 后的格式为

```
#ifdef  宏名
    程序段 1
#else
    程序段 2
#endif
```

它的意思是，如果当前的宏已被定义过，则对“程序段 1”进行编译，否则对“程序段 2”进行编译。

省略＃else 后的格式为

```
#ifdef  宏名
    程序段
#endif
```

案例 **12.4**　C 语言条件宏定义。

```
#include <stdio.h>
int main(){
    #if _WIN32
        printf("www.bigc.edu.cn\n");
    #elif __linux__
        printf("\033[22;31mwww.bigc.edu.cn\n\033[22;30m");
    #else
```

```
        printf("www.bigc.edu.cn\n");
    #endif
    return 0;
}
```

案例分析：

＃if、＃elif、＃else 和 ＃endif 都是预处理命令，整段代码的意思是：如果宏 _WIN32 的值为真，就保留第 4、5 行代码，删除第 7、9 行代码；如果宏__linux__的值为真，就保留第 7 行代码；如果所有的宏都为假，就保留第 9 行代码。

这些操作都是在预处理阶段完成的，多余的代码以及所有的宏都不会参与编译，不仅保证了代码的正确性，还减小了编译后文件的体积。这种能够根据不同情况编译不同代码、产生不同目标文件的机制称为条件编译。条件编译是预处理程序的功能，不是编译器的功能。

另外，还有一种＃ifndef 宏，其定义格式如下：

```
#ifndef 宏名
    程序段 1
#else
    程序段 2
#endif
```

与＃ifdef 相比，若当前的宏未被定义，则＃ifndef 宏对“程序段 1”进行编译，否则对“程序段 2”进行编译，这与 ＃ifdef 的功能正好相反。

12.6　# error

＃error 命令是 C 语言的预处理命令之一，当预处理器预处理到＃error 命令时，将停止编译并输出用户自定义的错误消息。其语法格式为

```
#error error-message
```

案例 **12.5**　＃error 宏定义。

```
#include <stdio.h>
#define SHOW_INFO

int main()
{
#ifndef SHOW_INFO
    #error you must define SHOW_INFO marco.
#endif

    printf("hello world!\n");
    getchar();
```

```
    return 0;
}
```

案例分析：

这里的 # error 用于判断程序是否定义了 SHOW_INFO 这个宏，如果定义了，则正常执行；如果未定义，则引起编译器报错，错误提示信息就是 # error 后面的内容。例如，把宏定义注销掉，再编译运行，就会出现以下错误提示。

```
1>------ 已启动生成: 项目: Project1, 配置: Debug Win32 ------
1>main.c
1>C:\Users\ding\Desktop\Project1\main.c(8,1): fatal error C1189: #error:  you must define SHOW_INFO marco.
1>已完成生成项目"Project1.vcxproj"的操作 - 失败。
========== 生成: 成功 0 个，失败 1 个，最新 0 个，跳过 0 个 ==========
```

12.7　常用 C 语言库

C 语言的常用标准头文件有 <stdio.h>、<ctype.h>、<time.h>、<stdlib.h>、<math.h>、<string.h>。每个头文件中都包含很多常用的函数，如表 12.1～12.6 所示。

表 12.1　<stdio.h>头文件中的函数

函数原型	功　能
int printf(char * format...)	产生格式化输出的函数
int getchar(void)	从键盘上读取一个键，并返回该键的键值
int putchar(char c)	在屏幕上显示字符 c
FILE * fopen(char * filename, char * type)	打开一个文件
FILE * freopen(char * filename, char * type,FILE * fp)	打开一个文件，并将该文件关联到 fp 指定的流
int fflush(FILE * stream)	清除一个流
int fclose(FILE * stream)	关闭一个文件
int remove(char * filename)	删除一个文件
int rename(char * oldname, char * newname)	重命名文件
FILE * tmpfile(void)	以二进制方式打开暂存文件
char * tmpnam(char * sptr)	创建一个唯一的文件名
int setvbuf(FILE * stream, char * buf, int type, unsigned size)	把缓冲区与流相关
int fprintf(FILE * stream, char * format[, argument,...])	传送格式化输出到一个流中
int scanf(char * format[,argument,...])	执行格式化输入
int fscanf(FILE * stream, char * format[,argument...])	从一个流中执行格式化输入
int fgetc(FILE * stream)	从流中读取字符

续表

函数原型	功　　能
char * fgets(char * string, int n, FILE * stream)	从流中读取一字符串
int fputc(int ch, FILE * stream)	送一个字符到一个流中
int fputs(char * string, FILE * stream)	送一个字符到一个流中
int getc(FILE * stream)	从流中取字符
int getchar(void)	从 stdin 流中读字符
char * gets(char * string)	从流中取一个字符串
int putchar(int ch)	在 stdout 上输出字符
int puts(char * string)	送一个字符串到流中
int ungetc(char c, FILE * stream)	把一个字符退回到输入流中
int fread(void * ptr, int size, int nitems, FILE * stream)	从一个流中读数据
int fwrite(void * ptr, int size, int nitems, FILE * stream)	写内容到流中
(FILE * stream, long offset, int fromwhere)	重定位流上的文件指针
long ftell(FILE * stream)	返回当前文件指针
int rewind(FILE * stream)	将文件指针重新指向一个流的开头
int fgetpos(FILE * stream)	取得当前文件的句柄
int fsetpos(FILE * stream, const fpos_t * pos)	定位流上的文件指针
void clearerr(FILE * stream)	复位错误标志
int feof(FILE * stream)	检测流上的文件结束符
int ferror(FILE * stream)	检测流程上的错误
void perror(char * string)	系统错误信息

表 12.2　<**ctype.h**>头文件中的函数

函数原型	功　　能
int iscntrl(int c)	判断字符 c 是否为控制字符
int isalnum(int c)	判断字符 c 是否为字母或数字
int isalpha(int c)	判断字符 c 是否为英文字母
int isascii(int c)	判断字符 c 是否为 ASCII 码
int isblank(int c)	判断字符 c 是否为 Tab 或空格
int isdigit(int c)	判断字符 c 是否为数字
int isgraph(int c)	判断字符 c 是否为除空格外的可打印字符
int islower(int c)	判断字符 c 是否为小写英文字母
int isprint(int c)	判断字符 c 是否为可打印字符(含空格)

续表

函数原型	功能
int ispunct(int c)	判断字符 c 是否为标点符号
int isspace(int c)	判断字符 c 是否为空白符
int isupper(int c)	判断字符 c 是否为大写英文字母
int isxdigit(int c)	判断字符 c 是否为十六进制数字
int toascii(int c)	将字符 c 转换为 ASCII 码
int tolower(int c)	将字符 c 转换为小写英文字母
int toupper(int c)	将字符 c 转换为大写英文字母

表 12.3 <math.h>头文件中的函数

函数原型	功能
float fabs(float x)	求浮点数 x 的绝对值
int abs(int x)	求整数 x 的绝对值
float acos(float x)	求 x(弧度表示)的反余弦值
float asin(float x)	求 x(弧度表示)的反正弦值
float atan(float x)	求 x(弧度表示)的反正切值
float atan2(float y, float x)	求 y/x(弧度表示)的反正切值
float ceil(float x)	求不小于 x 的最小整数
float cos(float x)	求 x(弧度表示)的余弦值
float cosh(float x)	求 x 的双曲余弦值
float exp(float x)	求 e 的 x 次幂
float floor(float x)	求不大于 x 的最大整数
float fmod(float x, float y)	计算 x/y 的余数
float frexp(float x, int *exp)	把浮点数 x 分解成尾数和指数
float ldexp(float x, int exp)	返回 x*2^exp 的值
float modf(float num, float *i)	将浮点数 num 分解成整数部分和小数部分
float hypot(float x, float y)	对于给定的直角三角形的两个直角边,求其斜边的长度
float log(float x)	计算 x 的自然对数
float log10(float x)	计算 x 的常用对数
float pow(float x, float y)	计算 x 的 y 次幂
float pow10(float x)	计算 10 的 x 次幂
float sin(float x)	计算 x(弧度表示)的正弦值
float sinh(float x)	计算 x(弧度表示)的双曲正弦值

续表

函数原型	功　　能
float sqrt(float x)	计算 x 的平方根
float tan(float x);	计算 x(弧度表示)的正切值
float tanh(float x)	求 x 的双曲正切值

表 12.4　<stdlib.h>头文件中的函数

函数原型	功　　能
char * itoa(int i)	把整数 i 转换成字符串
void exit(int retval)	结束程序
double atof(const char * s)	将字符串 s 转换为 double 类型
int atoi(const char * s)	将字符串 s 转换为 int 类型
long atol(const char * s)	将字符串 s 转换为 long 类型
double strtod (const char * s,char**endp)	将字符串 s 的前缀转换为 double 型
long strtol(const char * s,char **endp,int base)	将字符串 s 的前缀转换为 long 型
unsigned long strtol(const char * s,char**endp,int base)	将字符串 s 的前缀转换为 unsigned long 型
int rand(void)	产生一个 0～RAND_MAX 之间的伪随机数
void srand(unsigned int seed)	初始化随机数发生器
void * calloc(size_t nelem, size_t elsize)	分配主存储器
void * malloc(unsigned size)	内存分配函数
void * realloc(void * ptr, unsigned newsize)	重新分配主存
void free(void * ptr)	释放已分配的块
void abort(void)	异常终止一个进程
void exit(int status)	终止应用程序
int atexit(atexit_t func)	注册终止函数
char * getenv(char * envvar)	从环境中取字符串
void * bsearch(const void * key, const void * base, size_t * nelem, size_t width, int(* fcmp)(const void * , const *))	二分法搜索函数
void qsort(void * base, int nelem, int width, int (* fcmp)())	使用快速排序例程进行排序
int abs(int i)	求整数的绝对值
long labs(long n)	取长整型绝对值
div_t div(int number, int denom)	将两个整数相除,返回商和余数
ldiv_t ldiv(long lnumer, long ldenom)	两个长整型数相除,返回商和余数

表 12.5 <time.h>头文件中的函数

函数原型	功能
clock_t clock(void)	确定处理器时间函数
time_t time(time_t * tp)	返回当前日历时间
double difftime(time_t time2, time_t time1)	计算两个时刻之间的时间差
time_t mktime(struct tm * tp)	将分段时间值转换为日历时间值
char * asctime(const struct tm * tblock)	转换日期和时间为 ASCII 码
char * ctime(const time_t * time)	把日期和时间转换为字符串
struct tm * gmtime(const time_t * timer)	把日期和时间转换为格林尼治标准时间
struct tm * localtime(const time_t * timer)	把日期和时间转变为结构
size_t strftime(char * s,size_t smax,const char * fmt, const struct tm * tp)	根据 fmt 的格式要求将 * tp 中的日期与时间转换为指定格式

表 12.6 <string.h>头文件中的函数

函数原型	功能
int bcmp(const void * s1, const void * s2, int n)	比较字符串 s1 和 s2 的前 n 个字节是否相等
void bcopy(const void * src, void * dest, int n)	将字符串 src 的前 n 个字节复制到 dest 中
void bzero(void * s, int n)	置字节字符串 s 的前 n 个字节为零
void * memccpy (void * dest, void * src, unsigned char ch, unsigned int count)	由 src 所指内存区域复制不多于 count 个字节到 dest 所指内存区域,如果遇到字符 ch,则停止复制
void * memcpy(void * dest, void * src, unsigned int count)	由 src 所指内存区域复制 count 个字节到 dest 所指内存区域
void * memchr(void * buf, char ch, unsigned count)	从 buf 所指内存区域的前 count 个字节查找字符 ch
int memcmp(void * buf1, void * buf2, unsigned int count)	比较内存区域 buf1 和 buf2 的前 count 个字节
int memicmp(void * buf1, void * buf2, unsigned int count)	比较内存区域 buf1 和 buf2 的前 count 个字节,但不区分字母的大小写
void * memmove(void * dest, const void * src, unsigned int count)	由 src 所指内存区域复制 count 个字节到 dest 所指内存区域
void * memset(void * buffer, int c, int count)	把 buffer 所指内存区域的前 count 个字节设置成字符 c
void setmem (void * buf, unsigned int count, charch)	把 buf 所指内存区域前 count 个字节设置成字符 ch
void movmem(void * src, void * dest, unsigned int count)	由 src 所指内存区域复制 count 个字节到 dest 所指内存区域
char * stpcpy(char * dest,char * src)	把 src 所指由 NULL 结束的字符串复制到 dest 所指的数组中
char * strcpy(char * dest,char * src)	把 src 所指由 NULL 结束的字符串复制到 dest 所指的数组中

续表

函数原型	功　　能
char * strcat(char * dest,char * src)	把 src 所指字符串添加到 dest 结尾处(覆盖 dest 结尾处的'\0')并添加'\0'
char * strchr(char * s,char c)	查找字符串 s 中首次出现字符 c 的位置
int strcmp(char * s1,char * s2)	比较字符串 s1 和 s2
int strcmp(char * s1,char * s2)	比较字符串 s1 和 s2
int stricmp(char * s1,char * s2)	比较字符串 s1 和 s2,但不区分字母的大小写
int strcspn(char * s1,char * s2)	在字符串 s1 中搜寻 s2 中出现的字符
char * strdup(char * s)	复制字符串 s
int strlen(char * s)	计算字符串 s 的长度
char * strlwr(char * s)	将字符串 s 转换为小写形式
char * strupr(char * s)	将字符串 s 转换为大写形式
char * strncat(char * dest,char * src,int n)	把 src 所指字符串的前 n 个字符添加到 dest 结尾处(覆盖 dest 结尾处的'\0')并添加'\0'
int strcmp(char * s1,char * s2,int n)	比较字符串 s1 和 s2 的前 n 个字符
int strnicmp(char * s1,char * s2,int n)	比较字符串 s1 和 s2 的前 n 个字符,但不区分大小写
char * strncpy(char * dest, char * src, int n)	把 src 所指由 NULL 结束的字符串的前 n 个字节复制到 dest 所指的数组中
char * strpbrk(char * s1, char * s2)	在字符串 s1 中寻找与字符串 s2 中任何一个字符相匹配的第一个字符的位置,空字符 NULL 不包括在内
char * strrev(char * s)	把字符串 s 的所有字符的顺序颠倒过来(不包括空字符 NULL)
char * strset(char * s, char c)	把字符串 s 中的所有字符都设置成字符 c
char * strstr(char * haystack, char * needle)	从字符串 haystack 中寻找 needle 第一次出现的位置(不比较结束符 NULL)
char * strtok(char * s, char * delim)	分解字符串为一组标记串。s 为要分解的字符串,delim 为分隔符字符串
int strnicmp(char * s1,char * s2,int n)	比较字符串 s1 和 s2 的前 n 个字符,但不区分大小写

除了以上常用的头文件,还有以下头文件,需要时可以查找相应文档。

```
#include <stdint.h>                    //整型类型的宏定义
#include <stdarg.h>                    //让函数接收可变长参数
#include <limits.h>                    //整型数据类型的长度限制
#include <errno.h>                     //错误码定义
#include <wctype.h>                    //宽字符类别判断
#include <assert.h>                    //断言库
#include <signal.h>                    //信号处理库
```

```
#include <locale.h>                  //地区类库
#include <float.h>                   //浮点类型的范围
```

12.8 本章小结

C预处理器和C库是C语言的两个重要附件。C预处理器遵循预处理器指令，在编译源代码之前调整源代码。C库提供了许多有助于完成各种任务的函数，包括输入、输出、文件处理、内存管理、排序与搜索、数学运算、字符串处理等。

12.9 本章习题

1. 头文件使用尖括号和双引号的区别是什么？

2. 定义一个宏函数，返回两值中的较小值。

3. 定义EVEN_GT(X, Y)宏，如果X为偶数且大于Y，则该宏返回1。

4. 定义一个宏函数，打印两个表达式及其值。例如，若参数为3+4和4*12，则打印3+4 is 7 and 4*12 is 48。

5. 开发一个包含你需要的预处理器定义的头文件。

6. 两数的调和平均数这样计算：先得到两数的倒数，然后计算两个倒数的平均值，最后取计算结果的倒数。使用#define指令定义一个宏“函数”，执行该运算。编写一个简单的程序测试该宏。

图书资源支持

感谢您一直以来对清华版图书的支持和爱护。为了配合本书的使用，本书提供配套的资源，有需求的读者请扫描下方的“书圈”微信公众号二维码，在图书专区下载，也可以拨打电话或发送电子邮件咨询。

如果您在使用本书的过程中遇到了什么问题，或者有相关图书出版计划，也请您发邮件告诉我们，以便我们更好地为您服务。

我们的联系方式：

清华大学出版社计算机与信息分社网站：https://www.shuimushuhui.com/

地　　址：北京市海淀区双清路学研大厦 A 座 714

邮　　编：100084

电　　话：010-83470236　010-83470237

客服邮箱：2301891038@qq.com

QQ：2301891038（请写明您的单位和姓名）

资源下载：关注公众号“书圈”下载配套资源。

资源下载、样书申请

书圈

图书案例

清华计算机学堂

观看课程直播